高等职业教育系列教材

U0793936

注重精讲多练 | 配备例题和习题

MATLAB基础及应用 第6版

主　编 | 于润伟
参　编 | 朱晓慧　于爱迪

机械工业出版社
CHINA MACHINE PRESS

本书系统地介绍了 MATLAB R2023a 的工作环境和操作要点，主要包括认识 MATLAB、程序设计、绘图、符号计算、数值计算、Simulink 仿真和 App 应用设计等内容。本书注重精讲多练，配备丰富的例题和习题，精选了一些数字图像处理实例作为综合实训项目，便于读者学习及领会 MATLAB 的应用技巧。

本书可作为高等职业院校电子信息类、通信类及智能控制类专业的教材，也可作为广大科技工作者、教师学习 MATLAB 的参考书。

本书配有微课视频，读者可扫描二维码观看。另外，本书配有电子课件，需要的教师可登录机械工业出版社教育服务网（www.cmpedu.com）免费注册，审核通过后下载，或联系编辑索取（微信：13261377872；电话：010-88379739）。

图书在版编目（CIP）数据

MATLAB 基础及应用 / 于润伟主编. --6 版. 北京：机械工业出版社，2024. 6（2025. 8 重印）. --（高等职业教育系列教材）. -- ISBN 978-7-111-76139-6

Ⅰ. TP317

中国国家版本馆 CIP 数据核字第 2024V8U599 号

机械工业出版社（北京市百万庄大街 22 号　邮政编码 100037）
策划编辑：和庆娣　　责任编辑：和庆娣　王　芳
责任校对：梁　园　李　婷　　责任印制：常天培
河北虎彩印刷有限公司印刷
2025 年 8 月第 6 版第 3 次印刷
184mm×260mm · 11 印张 · 291 千字
标准书号：ISBN 978-7-111-76139-6
定价：49.00 元

电话服务
客服电话：010-88361066
010-88379833
010-68326294

网络服务
机　工　官　网：www.cmpbook.com
机　工　官　博：weibo.com/cmp1952
金　书　网：www.golden-book.com
机工教育服务网：www.cmpedu.com

前言

MATLAB 是目前应用广泛的科学与工程计算软件之一，具有简洁紧凑、使用方便、编程效率高、图形功能强等特点，为研究系统和分析实验数据提供了极大便利，深受广大科技工作者的喜爱。MATLAB 近年来已成为理工科院校自动控制、通信技术、电子信息以及电气自动化等专业的必修课程。

本书基于汉化程度较高的 MATLAB R2023a 版本，内容分为认识 MATLAB、MATLAB 程序设计、MATLAB 绘图、MATLAB 符号计算、MATLAB 数值计算、Simulink 仿真、App 应用设计和 MATLAB 综合实训，共 8 章。

第 1 章　介绍 MATLAB 操作界面、帮助系统、数据结构、数据运算、矩阵、关系运算与逻辑运算、文件操作等内容。

第 2 章　讲解 M 文件和函数文件的建立及调试方法，说明了条件选择语句和循环语句的语法结构，以及编程技巧，使读者能够认识、理解并编写简单的程序。

第 3 章　讲解二维图形和三维图形的绘制方法，通过实例，帮助读者利用绘图函数对数据进行图形化处理。

第 4 章　介绍符号函数的计算、符号微积分、符号方程求解、级数和符号计算结果的绘图等内容。

第 5 章　介绍数据分析、数值计算、常微分方程的数值求解和交互式工具等内容。

第 6 章　介绍 Simulink 基本知识、信号运算模型的仿真和线性反馈控制系统的仿真等内容。

第 7 章　介绍 App 应用的设计工具、设计规范、组件和界面布局，讲解双峰函数图形演示界面、对话框和菜单的使用方法，使读者能够开发简单的 App 应用界面。

第 8 章　为综合实训。由 4 个数字图像处理项目组成。实现算法难度适中，处理结果直观，能够用肉眼直接观察评价，便于读者学习及领会 MATLAB 的应用技巧。

本书不仅系统介绍了 MATLAB 的基本操作和应用，而且融入了华罗庚、陈景润等我国杰出数学家的科学探索故事，希望读者通过这些生动的案例的学习，能够感受到数学的实用与美感，理解数学在现代科技中的核心作用，培养不懈的探索精神和创新意识。

本书的使用约定如下：以>>符号开头的内容，需要在命令行窗口中输入；没有以>>符号开头的内容为 M 文件，需要在文本编辑器中输入（书中加粗的文字），在命令行窗口中观察运行结果（书中为普通文字）。

本书结合目前高等职业教育的教学特点，建议总学时为 72 学时，其中课堂教学 26 学时、上机练习 22 学时、实训教学 24 学时。

本书由于润伟主编，朱晓慧、于爱迪参编，其中于润伟编写第 6 章、第 7 章和第 8 章；朱晓慧编写第 1 章、第 3 章和第 4 章；于爱迪编写第 2 章和第 5 章。全书由于润伟统稿。在编写过程中，得到了哈尔滨工业大学固泰电子股份有限公司王志刚技术总监、哈尔滨光宇集团自动化公司曹克忠高级工程师的大力支持，在此表示真诚的谢意。

由于编者水平有限，书中难免有不足之处，衷心希望读者批评指正。

编　者

目录

第1章 认识MATLAB

本章要点

- 操作界面、帮助系统的使用方法
- 数据操作的有关知识
- 矩阵的基本运算
- 数据和文件操作

1.1 MATLAB 概述

MATLAB 是美国 MathWorks 公司于 1984 年推出的一套数值分析和矩阵运算软件，经过几十年的发展，现已成为一种高度集成的计算机语言，是当今科技领域内最具影响力、最有活力的软件之一，被广泛应用于数据处理、科学绘图、控制系统仿真、数字图像处理、通信系统设计以及财务金融等领域。

1.1.1 操作界面

1.1.1
操作界面

MATLAB 软件安装完成后，既可以通过创建的桌面快捷方式，也可以在“开始”菜单里查找安装的软件，还可以到软件的安装目录里，打开 bin 文件夹，单击其中的 matlab.exe 文件，都可启动 MATLAB 软件。启动后 MATLAB 操作界面如图 1-1 所示。

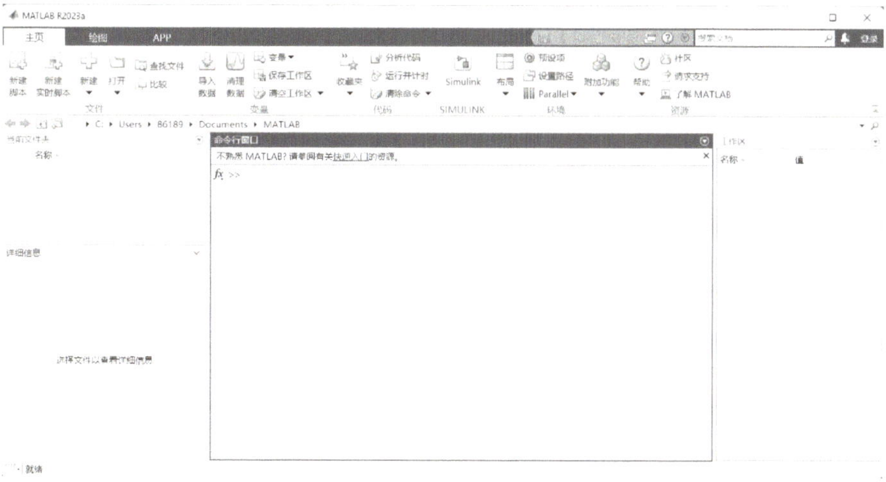

图 1-1　MATLAB 操作界面

操作界面中有当前文件夹、命令行和工作区 3 个窗口。

1. 当前文件夹

当前文件夹是指 MATLAB 运行文件的工作文件夹，只有在当前文件夹或搜索路径下的文件及函数才可以被直接运行或调用。如果没有特殊指明，数据文件也将存储在当前文件夹下。通常很多人都习惯建立自己的工作文件夹，便于文件和数据的管理，因此在运行文件前要将待处理文件或数据所在的文件夹设置为当前文件夹。可单击当前文件夹上方的按钮，在弹出的“选择新文件夹”对话框中选中自己的工作文件夹。

2. 命令行

命令行窗口用于输入 MATLAB 命令、函数、矩阵及表达式等信息，并显示除图形以外的所有计算结果，是 MATLAB 的主要交互窗口。当命令行窗口出现提示符>>时，表示 MATLAB 已准备好，可以输入命令、变量或函数，按〈Enter〉键后就可执行。

【例 1-1】 计算 A＝512/8－50×2+120。

```
>> A=512/8-50*2+120          %从键盘输入,并按〈Enter〉键
```

命令行窗口显示结果如下：

```
A =
84
```

【例 1-2】 计算 2sin(π/4)+3cos(π/2)。

```
>> 2*sin(pi/4)+3*cos(pi/2)   %pi 代表 π
```

命令行窗口显示结果如下：

```
ans =
1.4142
```

MATLAB 语法规定，百分号“%”后面的语句为注释语句。注释语句不参与执行，只用来说明程序或算法，增强程序的可读性。ans 表示在缺省变量名时，系统默认的变量名。

此外，在命令行窗口中按方向键〈↑〉，可以调出已经输入的前一条命令；按方向键〈↓〉，可调出当前命令之后的一条命令。

3. 工作区

工作区是 MATLAB 用于存储各种变量和运算结果的内存空间。在命令行窗口中输入的变量、运行文件建立的变量、调用函数返回的计算结果等，都将被存储在工作区中，直到使用了 clear 命令清除工作区或关闭了 MATLAB 系统为止。需要注意的是：函数在运行中调用的一些临时变量，不会占用工作区，这些变量在函数运行结束后将被释放。

通过工作区窗口可以查看数据名称、大小及数据类型等信息，为了对变量的内容进行观察、编辑与修改，可以打开变量编辑器。打开变量编辑器有两种方法：

1）双击变量名。

2）将光标指向要观察的变量名，单击鼠标右键，在弹出的菜单中选择“打开所选内容”选项。变量编辑器如图 1-2 所示。

在命令行窗口中，输入 whos 命令，可以显示保存在工作区的所有变量的名称、大小、数据类型等信息；输入 who 命令则只显示变量的名称。输入 clear 命令，可以清除工作区内所有变量，并释放系统内存空间；输入 clc 命令则只清除命令行窗口的屏幕显示内容，而保留工作区内容。

【例 1-3】 分别用 whos、who 检查【例 1-1】和【例 1-2】运行后的工作空间。

```
>> whos        %从键盘输入,并按〈Enter〉键
```

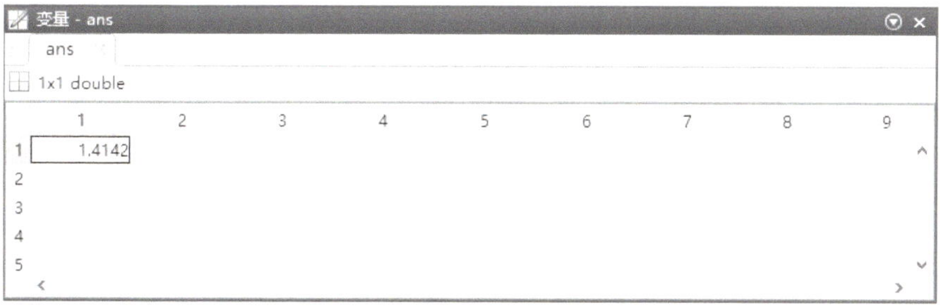

图 1-2　变量编辑器

命令行窗口显示结果如下：

```
Name      Size        Bytes  Class     Attributes
A         1x1           8    double
ans       1x1           8    double
>> who           %从键盘输入,并按〈Enter〉键
```

命令行窗口显示结果如下：

```
您的变量为:
A    ans
```

1.1.2　帮助系统

1.1.2
帮助系统

MATLAB 提供了数目繁多的函数和命令，要把它们全部记下来是不现实的。可行的办法是先掌握一些基本内容，然后在实践中不断总结和积累。因此，通过软件本身提供的帮助系统来学习软件是一个重要的学习方法，MATLAB 提供了功能强大的帮助系统，可以很方便地获得有关函数或命令的使用方法。

1. 函数浏览器

在命令行窗口内单击鼠标，使光标停留在命令行窗口，再按〈Shift+F1〉键，也可以在命令行窗口内单击鼠标右键，从弹出的菜单中选择“函数浏览器”，MATLAB 将打开函数浏览器窗口，如图 1-3 所示。

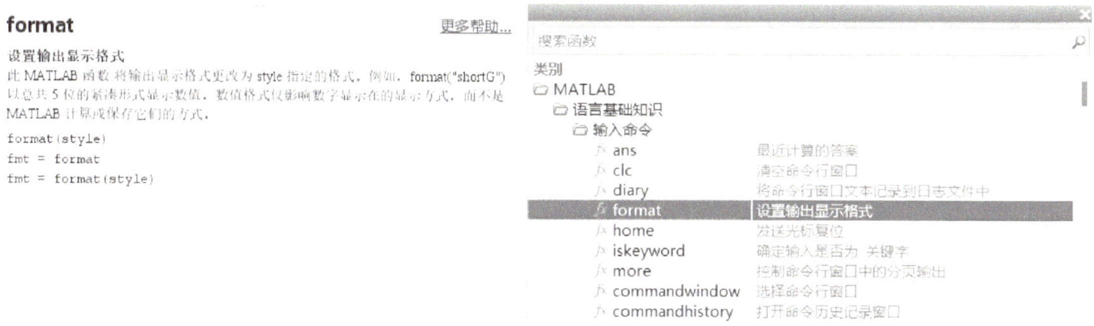

图 1-3　函数浏览器

在函数浏览器窗口内，用光标指向某个函数，停留片刻，就会弹出对该函数的解释，使用起来非常方便。

2. help 函数

在命令行窗口输入 help，也是 MATLAB 寻求帮助的一种方便快捷的方法，help 函数的用法主要有以下 3 种：

1）显示当前函数信息。在命令行窗口执行完某个函数或命令后，直接输入 help 函数，会显示该函数的用法。例如在命令行窗口输入如下函数：

```
>> clc                    % 清空命令行窗口
>> help                   % 在命令行窗口直接输入 help,显示当前函数信息
```

命令行窗口显示结果如下：

```
---clc 的帮助---
clc-清空命令行窗口
```

clc 函数清除命令行窗口中的所有文本，使屏幕变得干净。运行 clc 后，用户不能使用命令行窗口中的滚动条查看以前显示的文本，但可以在命令行窗口中使用方向键〈↑〉从命令历史记录中重新调用语句。

```
clc
```

另请参阅 clear，clf，close，home。已在 R2006a 之前的 MATLAB 中引入 clc 的文档。

2）显示某类函数信息。在 help 函数后，输入某类函数的名称（需要知道某类函数的名称或在“帮助”文档中检索）。例如在命令行窗口输入如下函数：

```
>> help elfun            % elfun 为基本数学函数
```

命令行窗口部分显示结果如下：

```
Elementary math functions.


Trigonometric.
sin          -Sine.
sind         -Sine of argument in degrees.
sinh         -Hyperbolic sine.
asin         -Inverse sine.
asind        -Inverse sine,result in degrees.
asinh        -Inverse hyperbolic sine.
cos          -Cosine.
cosd         -Cosine of argument in degrees.
cosh         -Hyperbolic cosine.
acos         -Inverse cosine.
acosd        -Inverse cosine,result in degrees.
acosh        -Inverse hyperbolic cosine.
tan          -Tangent.
tand         -Tangent of argument in degrees.
tanh         -Hyperbolic tangent.
atan         -Inverse tangent.
atand        -Inverse tangent,result in degrees.
atan2        -Four quadrant inverse tangent.
```

3）显示具体函数的帮助信息。在 help 函数后，输入某个函数的名称（需要知道该函数的名称或在“帮助”文档中检索）。例如在命令行窗口输入如下：

```
>> help round            %显示具体函数的详细信息,本例为 round 函数
```

命令行窗口部分显示结果如下：

```
round        -舍入至最近的小数或整数
```

round 函数将 X 的每个元素四舍五入为最近的整数。在对等情况下，即在元素的十进制小数部分为 0.5（在舍入误差内）时，round 函数会偏离零四舍五入到最接近的具有更大幅值的整数。

```
Y=round(X)
Y=round(X,N)
Y=round(X,N,type)
Y=round(____,TieBreaker=direction)
```

注意：MATLAB 对字母的大小写是敏感的，变量 A 与变量 a 表示两个不同的变量。MATLAB 所有的命令和函数都必须用小写，例如 round 函数，不能写成 Round 或 ROUND。

函数的帮助信息将指定函数的注释内容显示出来，因此用户也可以采用这种注释结构，构成自己文件的在线帮助。

3. lookfor 函数

当用户希望查找具有某种功能的命令或函数，但又不知道准确名字的时候，可以使用 lookfor 函数。该函数可以根据用户提供的完整或不完整的关键词，搜索出一组与之相关的函数。例如查找有关图像的函数，将 image 作为关键词来查找，在命令行窗口输入如下：

```
>> lookfor image
```

命令行窗口部分显示结果如下：

```
Simulation 3D Camera Get          -Camera image
siteviewer.Basemap                -Map imagery used to visualize sites
imageneread                       -Read microarray data from ImaGene Results file
maimage                           -Spatial image for microarray data
msheatmap                         -Create pseudocolor image of set of mass spectra
siteviewer.Basemap                -Map imagery used to visualize sites
```

4. 模糊查询

用户只需要输入函数的前几个字母（例如 im），然后按〈Tab〉键，就会弹出一个浮动窗口列出以这几个字母开始的函数，这样用户就知道了某个函数的确切写法，然后再通过 help 函数查询其详细的解释。

5. 在线帮助页

帮助页面的所有文件均有相应的 PDF 格式文件，称为在线帮助页，可用 Adobe Acrobat Reader 软件阅读。用户选中帮助页面上关于 PDF 格式文件的选项，或者在命令行窗口中输入命令 doc，都能自动打开在线帮助页。

1.1.3 数据结构

正如 MATLAB 的名字——“矩阵实验室”的含义一样，MATLAB 是由专门用于矩阵运算的软件发展起来的，最初的目的是解决矩阵运算问题，所以矩阵是 MATLAB 最基本、最重要的数据对象。MATLAB 大部分运算或函数都是在矩阵运算的意义下执行的，而且这种运算是定义在复数域上的。MATLAB 的矩阵运算功能非常丰富，可以支持线性代数所定义的全部矩阵运算，许多含有矩阵运算的复杂计算问题在 MATLAB 中很容易得到解决。

1. 矩阵和数组

矩阵是指含有 M 行、N 列（M、N 为正整数）数据的矩形结构。通过一定的转化方法，可以将一般的数学运算转化成相应的矩阵运算来处理。在 MATLAB 中，单个数值（标量）被看作只有 1 行 1 列、仅含 1 个元素的矩阵；列向量是只有 1 列的矩阵，行向量是只有 1 行的矩阵。

数组在结构上与矩阵没有区别，只是运算规则不同。数组运算是同一位置（坐标）的元素之间的运算，也就是说无论什么运算，对数组中的元素都是平等进行的；矩阵运算强调整体的运算，采用线性代数的运算方法。MATLAB 可以进行上述两种运算，MATLAB 通过运算符的不同来区别这两种运算，带有小黑圆点的运算符就代表相应的数组运算。例如 A＊B 表示矩阵运算，A.＊B 表示数组运算。

2. 数据结构

对于数值数据，MATLAB 中最常用的类型为双精度型，占 64 位（8B），用 double 函数实现转换。此外还有单精度数，占 32 位（4B），用 single 函数实现转换。还有带符号整数和无符号整数，其转换函数有 int8、int16、int32、uint8、uint16 和 uint32，每一个函数名后面的数字表示相应数据类型所占位数，其含义不难理解。

除数值数据以外，还有字符数据，在 MATLAB 中用 char 函数实现转换。在一般情况下，同一数组的每个元素必须具有相同的数据类型，但在实际应用中，有时需要将不同类型的数据构成同一个数组，因此，MATLAB 提供了结构体（struct）和单元（cell）数据类型，用户也可以根据实际应用需要自定义数据类型。此外，MATLAB 还提供多维数组以及工程中应用十分广泛的稀疏矩阵（sparse matrix）。

数据的数值用十进制表示，有日常记数法和科学记数法两种表示方法，角度则采用弧度制表示。例如：132、2.3000e+012、sin（1.57）等。如果没有定义，MATLAB 默认的数据类型是双精度型。常用的数据类型如表 1-1 所示。

表 1-1 数据类型一览表

类型名称	函　数	举　例	说　明
字符型	char	a='A'	字符以 ASCII 码的形式保存和运算
整型(有符号)	int8、int16、int32	b=int8(156)	8 位、16 位、32 位的整数数组，常用于表示信号
整型(无符号)	uint8、uint16、uint32	c=uint16(156)	
单精度	single	d=single(32.3)	单精度数值数组所需的存储空间较小，占 4B，可以表示小数，但精度差，数值范围小，能用于数学运算
双精度	double	32 double(44.5)	双精度数值数组，占 8B，精度高，数值范围大，能用于数学运算，是默认的 MATLAB 变量类型
稀疏矩阵	sparse	e=sparse(6)	稀疏双精度矩阵，稀疏矩阵只存储少数的非零元素，较常规矩阵的存储节约了大量的存储空间
单元数组	cell	f={10,'h',3.4}	单元数组，单元数组元素的尺寸、性质可以不同
结构体数组	struct	g=struct('name','LiXin','number','441')	结构体数组，结构体数组包括域名，域中可以包括其他数组，与单元数组类似

表 1-1 中的数据例子可以在命令行窗口直接输入。MATLAB 的数据类型还有其他表达形式，表 1-1 中没有列出。在工作区浏览器中，不同的数据类型有不同的图标标识，在工作区中显示的数据类型如图 1-4 所示。

在图 1-4 中，a 是字符矩阵，b 是有符号 8 位整型矩阵，c 是无符号 16 位整型矩阵，d 是单精度矩阵，e 是稀疏矩阵，f 是单元数组，g 是结构体数组。有些不同类型的数据之间不能够直接运算，还有一些函数对数据的类型有严格的要求，这就需要对数据的类型进行强制转换。例如：uint8（24）表示把默认的双精度数据“24”转化为无符号 8 位整型数据“24”。对变量也可进行同样的操作。强制数据类型转换必须注意数据的取值范围，避免溢出。

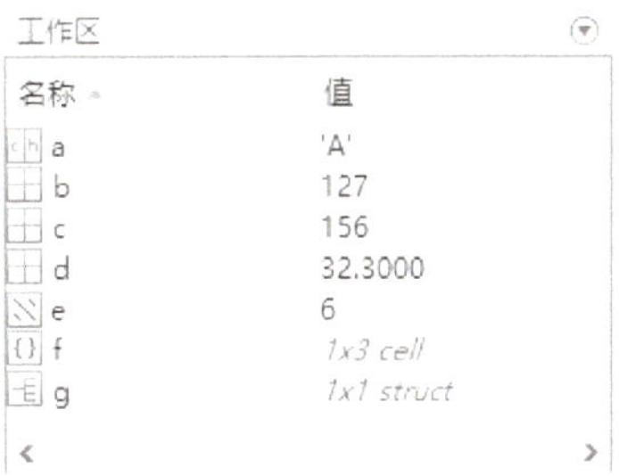

图 1-4　在工作区中显示的数据类型

想一想、做一做

输入 b=int8（156），工作区显示 b=127，为什么？

1.1.4　MATLAB 的特点

MATLAB 是以矩阵运算为主要工作方式的数理统计、自动控制、数字信号处理及动态系统仿真等方面的重要工具。MATLAB 操作简单、功能强大、应用广泛，其特点体现在以下几个方面。

1. 高效方便的矩阵和数组运算

MATLAB 语言像 C 语言一样规定了矩阵的算术运算符、关系运算符、逻辑运算符、条件运算符及赋值运算符，而且这些运算符大部分可以毫无改变地照搬到数组间的运算，有些运算符（如算术运算符）只要适当改变形式就可用于数组间的运算。另外，MATLAB 无须定义数组的维数，并给出矩阵函数和特殊矩阵专用的库函数，因此在求解信号处理、建模、系统识别、控制及优化等领域的问题时，显得极为简捷、高效，这是其他高级语言所不能比拟的。

2. 编程效率高

MATLAB 语言中最基本、最重要的成分是函数。对同一个函数名而言，不同数目的输入变量（包括无输入变量）及不同数目的输出变量，代表不同的含义（有点像面向对象中的多态性）。这不仅使 MATLAB 的库函数功能更丰富，而且大大减少了所占用的磁盘空间，使得 MATLAB 编写的 M 文件简单、短小而实用。用 MATLAB 编写程序犹如在演算纸上排列出公式和求解问题，因此 MATLAB 语言也被通俗地称为“演算纸式”的语言。

3. 方便的绘图功能

MATLAB 有一系列绘图函数，所以绘图十分方便。例如：建立线性坐标、对数坐标和极坐标，均只需调用不同的绘图函数；图上的标题、坐标轴标注、网格绘制也只需调用相应的函数，简单易行。另外，在调用绘图函数时，调整绘图参数即可绘出不同颜色、类型、宽度的点、线、复线或多重线。

4. 用户界面友好

MATLAB 语言是一种解释执行的语言，灵活，方便，其调试程序的手段丰富，调试速度快，方法简单，用户在短时间内即可学会。MATLAB 把编辑、编译、连接、运行和调试融为一体，能在同一窗口上灵活操作，快速查找输入程序中的书写错误和语法错误。例如直接在命令行窗口输入语句，每输完一条 MATLAB 命令就立即对其进行处理，完成编译、连接和运行的全过程；在运行 M 文件时，如果有错，则会给出详细的出错信息，但并非一次显示所有错误，而是每次运行只显示第一条错误，用户可以边修改边运行，直到正确为止。

5. 扩充能力强

MATLAB 语言有丰富的库函数，在进行复杂的数学运算时可以直接调用，而且库函数同用户文件在形式上是一样的，用户文件也可作为 MATLAB 的库函数来调用。因而，用户可以根据自己的需要方便地建立和扩充库函数，以提高 MATLAB 的使用效率和扩充功能。另外，可通过建立 Mex 调用文件格式进行混合编程，从而方便地调用有关 Fortran 或 C 语言的子程序。

6. 开放的源程序

开放性也许是 MATLAB 最受人们欢迎的特点。除内部函数以外，所有 MATLAB 的核心文件和工具箱文件都是可读可改的源文件，用户可通过对源文件的修改以及加入自己的函数文件来构成新的工具箱。

1.2　数据运算

1.2.1　变量

1.2.1
变量

1. 变量的命名

变量就是在程序运行过程中，其数值可以变化的数据。变量可代表一个或若干个内存单元（变量的地址）中的数据。为了访问变量所对应的存储单元，需要给变量命名。在 MATLAB 中，变量名可以是由字母、数字或下画线组成的字符序列，最多可包含 63 个字符，但第一个字符必须是字母。例如：myfile13、ab _ 1cd、EXAMPE 等均为合法变量名，而 3dat、_ mydat、123.4 等都不是合法变量名。

在 MATLAB 中，变量名区分字母的大小写，大小写不同的两个变量名被认为是两个不同的变量，例如 A1 和 a1 是两个不同的变量。另外，MATLAB 不支持汉字，汉字不能出现在变量名和文件名中。

2. 赋值语句

赋值语句的格式：

```
变量名=表达式
```

说明：表达式是用运算符把特殊字符、函数名、变量名等有关运算量连接起来的式子。执行后将右边表达式的值赋给左边的变量。如果缺省变量名，表达式的值则赋给预定义变量 ans。

赋值语句的运算结果能在命令行窗口中显示，如果在语句的最后加分号，那么 MATLAB 仅执行赋值操作，不显示运算的结果，以抑制不必要的信息显示。如果运算的结果是一个很大的矩阵或根本不需要观察运算结果，则可以在语句的最后加上分号。

如果表达式较长，在一行中放不下，则可以在行末输入 3 个小黑点表示续行符（…），指明下一行为续行。例如：

```
>> s=1-1/2+1/3-1/4+1/5-1/6+1/7-…
    1/8+1/9-1/10+1/11-1/12;
```

由于“;”的存在，计算结果 s=0.6532 并没有显示出来。如果续行符前面是数字，直接使用续行符就会出现错误。有两种解决方法：一种是再加一个点（共 4 个点），另一种是先空一格然后再加续行符。

3. 预定义变量

在 MATLAB 工作空间中，还驻留几个由系统本身定义的变量。它们有特定的含义，在使用时，应尽量避免对这些变量重新赋值。除前面出现过的 ans 外，还有一些常用的预定义变量，如表 1-2 所示。

如果自定义变量名与预定义变量名或内部函数名相同，那么在清除该自定义变量之前，相应的函数和预定义变量都无效。

表 1-2 常用的预定义变量

预定义变量名	含　义	预定义变量名	含　义
ans	计算结果的默认变量名	i,j	虚数单位
eps	容差变量,定义为 1.0 到最近浮点数的距离,等于 2.2204e-16	inf,Inf	正无穷大,定义为(1/0)
pi	圆周率 π 的近似值,等于 3.1416	NaN,nan	非数。在 IEEE 运算规则中,它产生于 0/0、0×∞ 等的结果
realmax	最大正实数,等于 1.7977e+308	nargin	函数输入参数个数
realmin	最小正实数,等于 2.2251e-308	nargout	函数输出参数个数
lasterr	存放最新的错误信息	lastwarn	存放最新的警告信息

想一想、做一做

与 inf 或 nan 运算,会得到什么结果?

1.2.2 常用数学函数

MATLAB 提供了许多数学函数,函数的自变量被规定为矩阵变量,运算规则是将函数作用于矩阵的每一个元素,因而函数运算结果是一个与自变量相同维数的矩阵。MATLAB 的常用数学函数如表 1-3 所示。

表 1-3 MATLAB 的常用数学函数

函数类别	函数名称	功　能	函数类别	函数名称	功　能
三角函数	sin	正弦	复数函数	abs	复数的模
	cos	余弦		angle	相位角
	tan	正切		complex	由实部和虚部构造复数
	cot	余切		conj	复数的共轭
	sec	正割(余弦的倒数)		imag	复数的虚部
	csc	余割(正弦的倒数)		real	复数的实部
对数函数	log2	以 2 为底的对数		unwrap	相位展开
	log	以 e 为底的对数(自然对数 ln)		isreal	是否为实数组
	log10	以 10 为底的对数(常用对数 lg)		cplxpair	整理为共轭对
反三角函数	asin	反正弦	取整函数	fix	朝零方向取整
	acos	反余弦		floor	朝负无穷方向取整
	atan	反正切		ceil	朝正无穷方向取整
	acot	反余切		round	四舍五入到最近的整数
	asec	反正割	其他函数	abs	绝对值
	acsc	反余割		mod	模数
幂函数	pow2	2 的幂次		rem	除后取余数
	sqrt	开二次方		sign	符号函数
指数函数	exp	以 e 为底的指数		gcd	最大公约数
				lcm	最小公倍数

三角函数按弧度计算，如在三角函数末尾添加 d 后可按度计算。例如输入 cosd（45），按〈Enter〉键后显示 0.7071，相当于 cos（π/4）。反三角函数的运算结果也是弧度，同样添加 d 后可得到度。例如输入 asind（1），按〈Enter〉键后显示 90。另外，mod（x，y）与 y 符号相同，rem（x，y）与 x 符号相同；当 x 与 y 同号时，mod（x，y）等于 rem（x，y）。

【例 1-4】 计算 3.14 的余弦函数、自然对数、以 e 为底的指数、朝零方向取整和朝正无穷方向取整运算后的数值。

在命令行窗口输入：

```
>> a=cos(3.14)
a=
   -1.0000
>> b=log(3.14)
b=
     1.1442
>> c=exp(3.14)
c=
   23.1039
>> d=fix(3.14)
d=
      3
>> e=ceil(3.14)
e=
      4
```

1.2.3　数据操作

1. input 函数

MATLAB 提供了一些输入输出函数，允许用户通过计算机键盘与 MATLAB 进行数据交互。如果用户想从键盘输入数据，则可以使用 input 函数来进行。该函数的调用格式为：

```
变量名=input('提示信息','s')
```

说明：提示信息是一个字符串（包括汉字），用于提示用户输入什么样的数据，字符串中若有“\n”，则表示换行输入。参数 s 表示允许用户通过键盘输入字符串；如果默认 s，则只允许用户输入数字、一个已定义的变量名或字符。例如：

```
>> a=input('How many apples? \n','s')
```

命令行窗口显示如下：

```
How many apples?
two apples              %通过键盘输入 two apples
```

命令行窗口显示如下：

```
a=                     %运算结果
two apples
```

2. disp 函数

MATLAB 提供的命令行窗口输出函数主要是 disp 函数，其调用格式为：

```
disp(输出项)
```

说明：其中“输出项”既可以是用单引号括起来的数字、字符或字符串，也可以是汉字、矩阵、变量。

例如输出上例创建的字符矩阵 a。

```
>> disp(a)
```

命令行窗口显示如下：

```
two apples
```

用 disp 函数显示矩阵时将不显示矩阵的名字，而且其格式更紧密，不留没有意义的空行。

想一想、做一做

如何在命令行窗口显示自己的名字？

3. pause 函数

当程序运行时，为了查看程序的中间结果或观看输出的图形，有时需要暂停程序的执行。这时可以使用 pause 函数，其调用格式如下：

```
pause(n)
```

说明：n 是一个常数，表示延迟多少秒。如果省略延迟时间，直接使用 pause，则将暂停程序，直到用户单击任意键后程序继续执行。若要强行中止程序的运行，可按〈Ctrl+C〉键。

4. save 命令

save 命令是将 MATLAB 工作空间中的变量存入磁盘。其具体格式如下：

```
save
```

将当前 MATLAB 工作空间中所有变量以二进制格式存入名为 matlab. mat（默认的文件名）的文件中，可在操作界面上工具栏旁的当前文件夹所显示的文件夹中，找到该文件。

```
save dfile
```

将当前工作空间中的所有变量以二进制格式存入当前路径下的文件 dfile. mat 中，扩展名 mat 自动产生。如果文件要保存在其他路径，可在文件名前加上路径。例如：在命令行窗口输入 save d:\example1，则将 example1 文件存在 D 盘根目录下。

```
save dfile a b
```

只把变量 a、b 以二进制格式存入 dfile. mat 文件，扩展名自动产生。若存入多个变量，变量名之间用“空格”分隔。

```
save dfile. dat a -ascii
```

将变量 a 以 8 位 ASCII 码格式存入 dfile. mat 文件。

```
save dfile. dat a -ascii -double
```

将变量 a 以 16 位 ASCII 码格式存入 dfile. mat 文件。

```
save(fname,'a','-ascii')
```

fname 是一个预先定义好的包含文件名的字符串，该用法将变量 a 以 ASCII 码格式存入由 fname 定义的文件中。由于在这种用法中，文件名是一个字符变量，因此可以方便地通过编程的方法存储一系列数据文件。

5. load 命令

与 save 命令相对应，load 函数是将磁盘上的数据读入工作空间。其具体格式如下：

```
load
```

把磁盘文件 matlab. mat（默认的文件名）的内容读入内存，由于存储 .mat 文件时已包含了变量名的信息，因此调回时已直接将原变量信息代入，不需要重新赋值变量。

```
load dfile
```

把磁盘文件 dfile. mat 的内容读入内存。

```
x = load fname
```

fname 是一个预先定义好的包含文件名的字符串，将由 fname 定义文件名的数据文件读入变量 x 中，使用这种方法可以通过编程方便地调入一系列数据文件。

【例 1-5】 定义 3 个变量 a=2，b=4，c=6，全部存入一个文件中，再把 a、b 存入另一个文件中；清空工作空间后，检查工作空间，然后调入变量 a，再检查工作空间。

```
>> a=2;
>> b=4;
>> c=6;
>> save mydat1
>> save mydat2 a b
>> clear                %清空工作空间
>> whos                 %检查工作空间,已没有任何变量
>>
>> load mydat2 a
>> whos
```

命令行窗口显示如下：

```
Name     Size     Bytes  Class     Attributes
  a      1x1      8      double    array
```

1.3 矩阵

1.3.1
矩阵的建立

1.3.1 矩阵的建立

MATLAB 把矩阵作为基本运算对象。数值（标量）可被看成 1×1 的矩阵，向量（一维数组）可被看成 n×1 或 1×n 的矩阵。在 MATLAB 中，不需要对矩阵的维数和类型进行说明，MATLAB 会根据用户所输入的内容进行配置。创建矩阵有以下 3 种方法。

1. 直接输入创建矩阵

通过输入矩阵中每个元素的值来建立一个矩阵，只需以左方括号开始，以逗号或空格为间隔输入元素值，行与行之间用分号或按〈Enter〉键隔开，最后以右方括号结尾即可。当矩阵中的元素个数比较少时，这种方法非常适用。另外，可以用“单引号”界定的字符或字符串创建字符矩阵。

【例 1-6】 创建 3×3 数值矩阵 A、B 和字符矩阵 C。

```
>> A=[1,2,3;4,5,6;7,8,9]
A =
       1     2     3
       4     5     6
       7     8     9
```

```
>> B=[1.5 12 3.3;14 55 0.6;-7 -0.8 11.9]
B =
     1.5000     12.0000     3.3000
    14.0000     55.0000     0.6000
    -7.0000     -0.8000    11.9000
>> C='string'
C =
     string
```

当矩阵较大时，可以分行输入，按〈Enter〉键代替分号，这样的输入形式比较接近线性代数中的矩阵。任何矩阵的元素内部都不能有空格，否则会被 MATLAB 认为是两个元素。

2. 向量法创建矩阵

向量可以由冒号和数字产生。其格式为：

```
向量名=初值:增量:终值
```

说明：向量是从初值开始，以增量为步长，直到不超过终值的所有元素所构成的序列。步长可缺省，默认为“1”。当矩阵中的元素很多且有规律时，可通过向量来建立一个矩阵。其基本格式为：

```
矩阵名=向量
```

【例 1-7】 建立一个 10 以内的奇数矩阵。

```
>> A=1:2:10
A =
     1     3     5     7     9
```

想一想、做一做

建立一个 100 以内能被 7 整除的矩阵。

3. 函数法创建矩阵

利用函数可快速产生一些特别有用的矩阵，如单位矩阵、随机矩阵及零矩阵等，特殊矩阵如表 1-4 所示。

表 1-4 特殊矩阵

函数	说　明	函数	说　明
[ ]	空矩阵	zeros	全部元素都为 0 的矩阵
eye	单位矩阵	magic	魔方矩阵
ones	全部元素都为 1 的常数矩阵	randperm	随机排列的整数矩阵
rand	元素服从 0~1 均匀分布的随机矩阵	randn	元素服从零均值单位方差正态分布的随机矩阵

当某一项操作无结果时，MATLAB 返回一个空矩阵。空矩阵的大小为零，但其确实存在于工作空间中，可以通过变量名访问。

【例 1-8】 建立空矩阵 A、单位矩阵 B、常数矩阵 C、均匀分布随机矩阵 D、正态分布的随机矩阵 E、零矩阵 F、随机排列整数矩阵 G。

```
>> A=[ ]
A=
[ ]
>> B=eye(3,4)
B=
     1     0     0     0
     0     1     0     0
     0     0     1     0
>> C=4*ones(5)
C=
     4     4     4     4     4
     4     4     4     4     4
     4     4     4     4     4
     4     4     4     4     4
     4     4     4     4     4
>> D=rand(2,3)
D=
    0.9501    0.6068    0.8913
    0.2311    0.4860    0.7621
>> E=randn(2,3)
E=
   -0.4326    0.1253   -1.1465
   -1.6656    0.2877    1.1909
>> F=zeros(3,4)
F=
     0     0     0     0
     0     0     0     0
     0     0     0     0
>>G=randperm(100,10)   %100以内随机排列、共有10个元素的整数矩阵
G=
    28     5    10    80    67    31    90     4    41    35
```

建立的矩阵将保存在MATLAB的工作区中，并可以随时被调用。如果不用clear命令清除它，或对它重新赋值，则该矩阵将一直保存在工作区中直到MATLAB关闭为止。另外，若矩阵函数中只有一个输入参数，则建立的矩阵为方阵。

1.3.2 矩阵的基本运算

1. 矩阵与标量的运算

运算包括加、减、乘、除和乘方运算。矩阵与标量运算是矩阵的每个元素对该标量的运算。MATLAB用符号“^”计算乘方时，按照矩阵运算规则计算，要求矩阵为方阵；用符号“.^”计算乘方时，按照数组运算规则计算，对矩阵没有限制。

【例1-9】 已知矩阵 $A=\begin{pmatrix}1 & 2 & 3\\ 4 & 5 & 6\end{pmatrix}$，标量b=3，计算A+b、A*b、A/b和A.^b。

```
>> A=[1 2 3;4 5 6];
>> b=3;
>> C=A+b
C=
```

```
     4     5     6
     7     8     9
>> D=A*b
D=
     3     6     9
    12    15    18
>>E=A/b
E=
    0.3333    0.6667    1.0000
    1.3333    1.6667    2.0000
>> G=A.^b
G=
     1     8     27
    64   125    216
```

2. 矩阵与矩阵的运算

（1）加减运算

两个矩阵的维数完全相同时，可以进行矩阵加减法运算。如果两个矩阵的维数不相等，则 MATLAB 将给出错误信息，提示两个矩阵的维数不相等。

（2）乘法运算

两个矩阵的维数相容时（A 的列数等于 B 的行数），可以进行 A 乘 B 的乘法运算。

（3）除法运算

矩阵的除法运算包括左除和右除两种运算。

左除：$A\backslash B=A^{-1}B$，A 为方矩阵。其中 $A^{-1}=1/A$。

右除：$A/B=AB^{-1}$，B 为方矩阵。其中 $B^{-1}=1/B$。

可见，左除和右除的运算过程以及对矩阵的要求是不一样的，其数学意义也不同。

（4）点运算

两个矩阵之间的点运算是按照数组运算规则计算的，矩阵的对应元素直接运算。要求参加运算的矩阵大小必须相同。有“.*”“./”和“.\”3 种运算符。

【例 1-10】 已知矩阵 $A=\begin{pmatrix}1 & 2\\ 3 & 4\end{pmatrix}$，矩阵 $B=\begin{pmatrix}5 & 6\\ 7 & 8\end{pmatrix}$，求 A*B、A.*B、A\B、A/B、A.\B 和 A./B 的运算结果。

```
>> A=[1 2;3 4];
>> B=[5 6;7 8];
>> C=A*B
C=
    19    22
    43    50
>> D=A.*B                    %矩阵点乘
D=
     5    12
    21    32
>> F=A\B                     %矩阵左除
F=
   -3.0000   -4.0000
    4.0000    5.0000
>> E=A/B                     %矩阵右除
```

```
E =
       3.0000    -2.0000
       2.0000    -1.0000
>> H = A.\B                    %矩阵点左除
H =
    5.0000    3.0000
    2.3333    2.0000
>> K = A./B                    %矩阵点右除
K =
       0.2000    0.3333
       0.4286    0.5000
```

1.3.3　矩阵的操作

1.3.3
矩阵的操作

MATLAB 中对矩阵的操作提供了多种简便的方法，可以对矩阵进行元素操作、提取子块、矩阵合并、转置、展开和线性变换等操作。

1. 元素操作

MATLAB 允许用户对一个矩阵的单个元素进行操作，可以通过元素的下标实现（行、列的序号是从 1 开始的），修改某些元素的值不会影响其他元素的值。

2. 提取子块

提取矩阵的某一部分，可以使用冒号表达式。在 MATLAB 中，冒号“:”表示“全部”。

【例 1-11】　输入一个 4×3 的矩阵，选出前 3 行构成一个矩阵，选出前两列构成另一个矩阵。

```
>> A = [1 2 3;4 5 6;7 8 9;10 11 12];
>> B = A(1:3,:)
B =
         1       2       3
         4       5       6
         7       8       9
>> C = A(:,1:2)
C =
         1       2
         4       5
         7       8
        10      11
```

3. 矩阵合并

把两个矩阵合并成一个大矩阵，有两种形式：

```
C = [A;B]
```

说明：A 矩阵与 B 矩阵的列数必须相同，B 矩阵补在 A 矩阵的下面。

```
C = [A,B]
```

说明：A 矩阵与 B 矩阵的行数必须相同，B 矩阵补在 A 矩阵的右面。

4. 矩阵的转置

用符号“'”（单引号）可以进行矩阵的转置运算。

5. 矩阵的展开

矩阵的展开是按照矩阵在内存中的实际存放形式展开的。矩阵的元素在内存中是按列存放的，即先存放第 1 列，接着存放第 2 列……把一个矩阵内的所有元素统一展开成一个列向量，其指令格式为：

```
B=A(:)
```

【例 1-12】 把矩阵 $A=\begin{pmatrix}1 & 3 & 5\\ 7 & 9 & 11\end{pmatrix}$和矩阵 $B=(2\quad 4\quad 6)$ 合并成一个矩阵，再转置后展开。

```
>> A=[1 3 5;7 9 11];
>> B=[2 4 6];
>> C=[A;B]
C=
     1     3     5
     7     9    11
     2     4     6
>> C=C'
C=
     1     7     2
     3     9     4
     5    11     6
>> D=C(:)
D=
     1
     3
     5
     7
     9
    11
     2
     4
     6
```

6. 矩阵的线性变换

MATLAB 提供了一些矩阵变换函数，可以对矩阵做形式上的变换。矩阵的变换函数如表 1-5 所示。

表 1-5 矩阵的变换函数

函　数	说　明	函　数	说　明
diag(A)	提取矩阵 A 的对角元素	triu(A)	提取矩阵 A 的上三角形矩阵
diag(A,K)	提取矩阵 A 的第 K 条对角元素	tril(A)	提取矩阵 A 的下三角形矩阵
fliplr(A)	矩阵 A 左右翻转	flipud(A)	矩阵 A 上下翻转

【例 1-13】 建立一个 3×3 的魔方矩阵，提取其对角元素和下三角形矩阵，并上下翻转。

```
>> A=magic(3)              %建立魔方矩阵,magic 为魔方矩阵函数
A=
     8     1     6
```

```
         3     5     7
         4     9     2
>>Adiag=diag(A)
Adiag=
         8
         5
         2
>>Atril=tril(A)
Atril=
         8     0     0
         3     5     0
         4     9     2
>>flipud(A)
ans=
         4     9     2
         3     5     7
         8     1     6
```

1.3.4　复数和复数矩阵

MATLAB 允许在运算和函数中使用复数或复数矩阵。复数的表示借助于特殊的字符 i 或 j，其值在工作空间中都显示为 0+1.0000i。

1. 复数

复数可由以下两种方式输入：

```
>> z=1+2i
z=
      1.0000+2.0000i
>>z=3*exp(i*3.14)
z=
     -3.0000+0.0048i
```

其中，3.14 为复数辐角的弧度，3 为复数的模。

2. 复数矩阵

复数矩阵有下列两种表示方法：

```
>>a=[1+2i 3+4i;5+6i 7+8i]
a=
    1.0000+2.0000i   3.0000+4.0000i
    5.0000+6.0000i   7.0000+8.0000i
>>a=[1 3;5 7]+i*[2 4;6 8]
a=
    1.0000+2.0000i    3.0000+4.0000i
    5.0000+6.0000i    7.0000+8.0000i
```

两式具有相同的结果。另外，当复数的虚部为一个确定的数值（而不是变量或矩阵）时，输入时可以省略 i（或 j）前面的“*”符号。另外，如果 i、j 被定义为其他变量（例如在程序设计中常常习惯于将 i 和 j 作为循环变量），则应定义一个新的复数单位，如：

```
i1=sqrt(-1),z=3+4*i1
```

这里将 i1 定义成新的复数单位。

1.3.5 稀疏矩阵

在许多工程实践中，会出现一些只包含几个非零元素，而其他大量元素都为零值的矩阵，这种矩阵被称为稀疏矩阵。如果按普通的矩阵处理方法来处理这些矩阵，不但会占用许多存储空间，而且也会严重地影响运行速度。为了避免这些缺点，对于那些具有大量零元素的矩阵，MATLAB 采用一种不同于一般矩阵的处理方法，只存储非零元素的数值以及这些元素所对应的下标。例如，设矩阵 $A=\begin{pmatrix}2&0&0&0\\0&0&3&0\\0&1&0&0\end{pmatrix}$，A 是具有稀疏特征的矩阵，其完全存储方式是按列存储每个元素，共有 12 个元素，即 2，0，0，0，0，0，3，0，0，1，0，0。其稀疏存储方式为（1，1），2，（2，3），3，（3，2），1。稀疏存储方式占用 9 个元素空间，当原矩阵更大且更加“稀疏”时，稀疏存储方式会更有效地提高空间利用率。

虽然 MATLAB 对稀疏矩阵采用了特殊的处理，但其各种运算的规则仍然和完全矩阵一样。另外，MATLAB 也有专门的函数来处理稀疏矩阵。处理稀疏矩阵的主要函数如表 1-6 所示。

表 1-6 处理稀疏矩阵的主要函数

函数格式	说明	函数格式	说明
sparse(A)	A 为完全矩阵。将完全矩阵转化为稀疏矩阵	speye(m,n)	生成 m×n 阶的稀疏矩阵，只有对角线元素为 1
sparse(m,n)	生成 m×n 阶所有系数为零的稀疏矩阵	full(A)	A 为稀疏矩阵。将稀疏矩阵转化为完全矩阵
sparse(U,V,S)	U、V、S 为等长的向量，U、V 是 S 中元素行和列的下标。建立一个 U 行、V 列和以 S 为元素的稀疏矩阵	[m,n,s] = find(A)	A 为稀疏矩阵。查看稀疏矩阵，m 和 n 为非零元素的下标，s 为非零元素

【例 1-14】 将矩阵 $A=\begin{pmatrix}0&5&0&0\\0&0&0&0\\12&0&0&0\\0&22&0&9\end{pmatrix}$ 转化为稀疏矩阵 B，并察看；再将稀疏矩阵 B 转化为完全矩阵 C。

```
>> A=[0,5,0,0;0,0,0,0;12,0,0,0;0,22,0,9];
>> B=sparse(A)
B=
    (3,1)        12
    (1,2)         5
    (4,2)        22
    (4,4)         9
>> [m,n,s]=find(B)
m=
      3
      1
      4
      4
n=
```

```
       1
       2
       2
       4
s =
      12
       5
      22
       9
>> C = full(B)
C =
       0     5     0     0
       0     0     0     0
      12     0     0     0
       0    22     0     9
```

1.4　关系运算与逻辑运算

1.4 关系运算与逻辑运算

1.4.1　关系运算符

MATLAB 共有 6 种关系运算符，如表 1-7 所示。

表 1-7　关系运算符

运　算　符	说　　明	运　算　符	说　　明
<	小于	<=	小于或等于
>	大于	>=	大于或等于
==	等于	~=	不等于

MATLAB 关系运算符能用来比较两个同样大小的矩阵，或用来比较一个矩阵和一个标量。在后一种情况，标量和矩阵中的每一个元素相比较，结果是一个与原矩阵大小相同的矩阵。

【例 1-15】　已知矩阵 A = (1　3　5　7　9)，找出大于 4 的元素的位置。

```
>> A = [1,3,5,7,9];
>> b = A>4
b =
     0     0     1     1     1
```

可见，0 出现在 A 中元素≤4 的地方，1 出现在 A 中元素>4 的地方，从而形成了一个与原矩阵同样大小的新的矩阵。

注意：“==”是关系运算符，比较两个变量的关系，相等时返回 1，不相等时返回 0；“=”是赋值运算符，将右侧表达式的结果赋给左侧的变量。

1.4.2　逻辑运算符

MATLAB 提供了 3 种逻辑运算符，如表 1-8 所示。

表 1-8 逻辑运算符

名　称	运 算 符	说　明
与运算	&	两个元素同为非零时，结果为 1；否则为 0
或运算	|	两个元素同为零时，结果为 0；否则为 1
非运算	~	单目运算符。元素为零，结果为 1；元素为非零，结果为 0

逻辑运算的方法与关系运算相似，都是对矩阵中的元素进行逻辑运算。如果标量与矩阵运算，则标量逐个与矩阵中的每一个元素进行逻辑运算。

【例 1-16】 建立 A、B 两个矩阵，计算 A&B、A | B 和 ~B。

```
>> A=[1 -3 5;0 1 0]
>> B=[1 50 0;-3 0.5 12]
>> C=A&B
C =
     1     1     0
     0     1     0
>> D=A|B
D =
     1     1     1
     1     1     1
>> ~B
ans =
     0     0     1
     0     0     0
```

1.4.3 其他关系与逻辑函数

除了上面的关系与逻辑运算符以外，MATLAB 还提供了其他关系与逻辑函数，如表 1-9 所示。

表 1-9 其他关系与逻辑函数

函数格式	说　明
xor(x,y)	异或运算。x 和 y 相同，即都是 0(假)或都是非 0(真)结果为 0；x 或 y 不同则结果为 1
any(x)	如果 x 是一个向量，含有一个或一个以上的非 0 元素，结果为 1，否则为 0；如果 x 是一个矩阵，结果是一个行向量，向量中的 1 对应矩阵中含有非 0 元素的列
all(x)	如果 x 是一个向量，所有元素均为非 0 时结果为 1，否则为 0；如果 x 是一个矩阵，结果是一个行向量，向量中的 1 对应矩阵中所有元素均非 0 的列
find(x)	找出矩阵 A 中非 0 元素的位置
length(x)	如果 x 是一个向量，结果是 x 的长度；如果 x 是一个矩阵，结果是矩阵的最大维数
size(x)	结果是 x 的行数和列数
ndims(x)	结果是 x 的维数，相当于 length(size(x))
numel(x)	结果是 x 的元素总个数

【例 1-17】 已知矩阵 $A=\begin{pmatrix}0 & -3.4 & 5\\0 & 11 & 0\end{pmatrix}$ 和矩阵 $B=\begin{pmatrix}1 & 50 & 0\\-3.14 & 0.5 & 12\end{pmatrix}$，察看 A 的零元素情况，并与 B 进行异或运算。

```
>> A=[0   -3.4   5; 0   11   0]
>> B=[1   50   0; -3.14   0.5   12]
>> any(A)
ans=
      0      1      1
>> all(A)
ans=
      0      1      0
>> xor(A,B)
ans=
      1      0      1
      1      0      1
```

1.5 文件操作

文件操作是一种重要的输入/输出方式，即从数据文件读取数据或将结果写入数据文件。MATLAB 提供了一系列低层输入/输出函数，专门用于文件操作。

1.5.1 文件的打开与关闭

1. 打开文件

在读写文件之前，必须先用 fopen 函数打开或创建文件，并指定对该文件进行的操作方式。fopen 函数的调用格式为：

```
fid=fopen(文件名,'打开方式')
```

说明： fid 用于存储文件句柄，如果返回的句柄值大于 0，则说明文件打开成功。文件名用字符串形式，表示待打开的数据文件。常见的打开方式如下：

- 'r'：只读方式打开文件（默认的方式），该文件必须已存在。
- 'r+'：读写方式打开文件，打开后先读后写。该文件必须已存在。
- 'w'：打开后写入数据。该文件已存在则更新，不存在则创建。
- 'w+'：读写方式打开文件。先读后写。该文件已存在则更新，不存在则创建。
- 'a'：在打开的文件末端添加数据。文件不存在则创建。
- 'a+'：打开文件后，先读入数据再添加数据。文件不存在则创建。

另外，在这些字符串后添加一个 t，如'rt'或'wt+'，表示将该文件以文本方式打开；如果添加的是 b，则以二进制格式打开，这也是 fopen 函数默认的打开方式。

2. 关闭文件

当文件进行完读、写等操作后，应及时关闭文件，以免数据丢失。关闭文件用 fclose 函数，调用格式为：

```
sta=fclose(fid)
```

说明： 该函数关闭 fid 所表示的文件句柄。sta 表示关闭文件操作的返回值，若关闭成功，返回 0，否则返回-1，通常默认 sta。如果要关闭所有已打开的文件用 fclose（'all'）。

1.5.2　二进制文件的读写操作

1.5.2
二进制文件
的读写操作

1. 写二进制文件

fwrite 函数按照指定的数据精度将矩阵中的元素写入文件中。其调用格式如下：

```
COUNT = fwrite(fid, A, precision)
```

说明： COUNT 是返回的所写的数据元素个数（可缺省）；fid 为文件句柄；A 用来存放写入文件的数据；precision 代表数据精度，常用的数据精度有 char、uchar、int、long、float、double 等，默认数据精度为 uchar，即无符号字符格式。

【例 1-18】 将一个二进制矩阵存入磁盘文件中。

```
>> A = [1 2 3 4 5 6 7 8 9];
>> fid = fopen('d:\test.bin','wb')        %以二进制数据写入方式打开文件
fid =
     3                    %其值大于 0,表示打开成功
>> fwrite(fid,A,'double')
ans =
     9                    %表示写入了 9 个数据
>> fclose(fid)
ans =
     0                    %表示关闭成功
```

2. 读二进制文件

fread 函数可以读取二进制文件的数据，并将数据存入矩阵。其调用格式为：

```
[A,COUNT] = fread(fid,size,precision)
```

说明： A 是用于存放读取数据的矩阵。COUNT 是返回的所读取的数据元素个数。fid 为文件句柄。size 为可选项，若不选用则读取整个文件内容；若选用则可以是下列值：N（读取 N 个元素到一个列向量）、[M，N]（读 M 行 N 列的数据到 M×N 的矩阵中，数据按列存放）。precision 用于控制所写数据的精度，其形式与 fwrite 函数相同。

【例 1-19】 将上例数据文件中的前 5 个数据读入矩阵 B 中。

```
>> fid = fopen('d:\test.bin','rb')        %以读方式打开文件
fid =
     3
>> B = fread(fid,5,'double')              %读入前 5 个数据
B =
     1
     2
     3
     4
     5
>> fclose(fid);
```

注意： 矩阵在内存中是按列存放的，所以，存入文件的行向量读出后，变成了列向量。在进行文件操作时一定要小心，必要时可把矩阵转置。

1.5.3　声音文件的读写操作

1.5.3
声音文件的读写操作

1. 读声音文件

audioread 函数可以读取扩展名为 wav、wma、mp3 的声音文件，并按指定格式存入矩阵。其调用格式如下：

```
[Y,FS]=audioread('FILE')
```

说明：其中 Y 为矩阵，用来存放读取的声音数据，矩阵的每一列代表一个单独的数据通道（立体声数据被指定为一个具有两列的矩阵）；FS 是返回的采样频率；FILE 为包括扩展名的声音文件。

2. 写声音文件

audiowrite 函数可以将声音数据按指定格式写入文件中（扩展名为 wav、wma、mp3 等）。其调用格式如下：

```
audiowrite('FILENAME',Y,FS)
```

说明：其中 Y 为矩阵，代表准备写入文件的声音数据；FS 为采样频率（默认时为 8000Hz）；FILENAME 为声音文件名。

【例 1-20】　搜索 Windows 下的声音文件 ding. wav 或使用 Windows 提供的录音机录制一段自己的语音（时间控制在 1~3s，将文件另存在硬盘上并更名）。使用 audioread 函数读入，观察其采样频率和数据位数；将采样频率改为 8000Hz、数据位数改为 8 位后，保存到 E 盘并播放该声音文件。

```
>>[Y,FS]=audioread('C:\WINDOWS\Media\ding.wav');
>>FS                    %观察其采样频率
FS=
        44100
>>audiowrite('E:\mywav4.wav',Y,8000)
```

注意：使用 Windows 提供的录音机录制的声音文件的扩展名为 wma，采样频率为 44100Hz。

1.5.4　图像文件的读写操作

1.5.4
图像文件的读写操作

1. 读图像文件

imread 函数用于从文件中读入图像，图像文件的格式可以是 bmp（Windows 位图文件）、hdf（层次数据格式图像文件）、jpg 或 jpeg（压缩图像文件）、pcx（Windows 画笔图像文件）、tif 或 tiff（标签图像格式文件）等。其函数格式如下：

```
A=imread(文件名,'图像文件格式')
```

说明：A 为无符号 8 位整数（uint8）矩阵。如果读入文件为灰度图像，则 A 为二维矩阵；如果读入图像为真彩色 RGB 图像，则 A 为三维矩阵。

```
[A,map]=imread(文件名,'图像文件格式')
```

说明：map 为双精度浮点数（double），其值在 0~1，表示图像的颜色值。

2. 写图像文件

imwrite 函数用于将图像写入文件，图像格式与 imread 函数相同。其函数格式如下：

```
imwrite(A,文件名,'图像文件格式')
```

说明：与 imread 函数相同。

```
imwrite(A,map,文件名,'图像文件格式')
```

说明：map 表示图像颜色格式，其他与 imread 函数相同。

【例 1-21】 读入文件名为 cameraman.tif 的图像文件，改文件名为 image、改格式为 jpg 后，存入 D 盘。

```
>> A=imread('cameraman.tif','tif');
>> imshow(A)          %显示图像
>> imwrite(A,'d:\image.jpg','jpg');
```

打开 D 盘，可以看到该图像文件的图标。

1.6　实训 MATLAB 数据处理

1.6.1　跟我学

【例 1-22】 计算$\dfrac{\sin(|x|+|y|)}{\sqrt{\cos(|x+y|)}}$的值，其中 $x=-1.42$，$y=0.52$。

```
>>clear
>>clc
>>x=-1.42;y=0.52;
>>sin(abs(x)+abs(y))/sqrt(cos(abs(x+y))) %abs 为取绝对值、sqrt 为开根号函数
ans=
    1.1829
```

【例 1-23】 求解方程 $ax^2+bx+c=0$ 的根，其中，$a=1$，$b=2$，$c=-3$。

```
>> clear
>> clc
>> a=1;b=2;c=-3;
>> d=sqrt(b^2-4*a*c);          %利用求根公式
>> x1=(-b+d)/(2*a)
x1=
    1
>> x2=(-b-d)/(2*a)
x2=
    -3
```

【例 1-24】 设 $a=4.12$，$b=3.618$，计算$\dfrac{e^{(a+b)}}{\lg(a+b)}$的值。

```
>>clear
>>clc
>>a=4.12;
>>b=3.618;
>>exp(a+b)/log10(a+b)
ans=
    2.5814e+003
```

【例 1-25】 建立矩阵 $A=\begin{pmatrix}1 & 3 & 5\\ 2 & 4 & 6\\ -1 & 0 & -2\\ -3 & 0 & 0\end{pmatrix}$，$B=\begin{pmatrix}-1 & 3\\ -2 & 2\\ 2 & 1\end{pmatrix}$，求 C=AB，并将 C 转置后存盘。

```
>>clear
>>clc
>>A=[1 3 5;2 4 6;-1 0 -2;-3 0 0];          %建立矩阵
>>B=[-1 3;-2 2;2 1];
>>C=A*B
C=
     3    14
     2    20
    -3    -5
     3    -9
>> C=C'                                     %矩阵转置
C=
     3     2    -3     3
    14    20    -5    -9
>>save mydat C                              %存入 mydat 文件中
>>clear                      %清除工作空间变量,观察工作空间窗口(workspace)
>>load mydat C                %读入数据(比较工作空间窗口的变化)
```

【例 1-26】 建立矩阵 U=(1　-2　0　-1.4　0　0　8) 和矩阵 V=(-1　0　0　7.8　-3　0　-6.2)，计算 U>=V，U&V 和 xor（U，V）的值，并查看 U|V的结果是否存在非零元素。

```
>>clear
>>clc
>>U=[1  -2  0  -1.4  0  0  8];
>>V=[-1  0  0  7.8  -3  0  -6.2];
>>U>=V
ans=
     1     0     1     0     1     1     1
>>U&V
ans=
     1     0     0     1     0     0     1
>>xor(U,V)
ans=
     0     1     0     0     1     0     0
>>any(U|V)
ans=
    1
```

【例 1-27】 创建整数随机矩阵 B，并以二进制格式存入 D 盘，文件名为 test1.bin。

```
>>clear
>>clc
>>A=randn(3,4)               %先建立随机矩阵 A
A=
```

```
    -0.5883    0.1139   -0.0956   -1.3362
     2.1832    1.0668   -0.8323    0.7143
    -0.1364    0.0593    0.2944    1.6236
>> B=round(A)          %对A矩阵取整,变成整数矩阵
B =
    -1     0     0    -1
     2     1    -1     1
     0     0     0     2
>>fid=fopen('d:\test1.bin','wb');          %以写方式打开文件
>>fwrite(fid,B)
>>fclose(fid)
```

1.6.2 自己练

1. 通过帮助浏览器查找 max 函数的用法，并举例说明。
2. 通过帮助浏览器查找并比较 ceil、floor、fix、round、rem 和 sign 函数的用法。
3. 已知 $a=2.1$，$b=-4.5$，$c=6$，$d=3.5$，$e=-5$，计算 $\arctan\left(\dfrac{2\pi a+\dfrac{e}{2\pi bc}}{d}\right)$ 的值。
4. 已知矩阵 $A=\begin{pmatrix}1&0&-1\\2&4&1\\-2&0&5\end{pmatrix}$、$B=\begin{pmatrix}0&-1&0\\2&1&3\\1&1&2\end{pmatrix}$，求 2A+B、$A^2-3B$、A＊B、B＊A、A.＊B、A\B、A/B、A.\B 和 A./B。
5. 使用函数实现左旋 90°或右旋 90°的功能。例如，原矩阵为 A，A 左旋后得到矩阵 B，右旋后得到矩阵 C。

$$A=\begin{pmatrix}1&4&7&10\\2&5&8&11\\3&6&9&12\end{pmatrix},\quad B=\begin{pmatrix}10&11&12\\7&8&9\\4&5&6\\1&2&3\end{pmatrix},\quad C=\begin{pmatrix}3&2&1\\6&5&4\\9&8&7\\12&11&10\end{pmatrix}$$

6. 利用函数产生 3×4 阶单位矩阵和全部元素都是 4.5 的 4×4 阶常数矩阵。
7. 利用函数产生 5×5 阶随机分布的矩阵和 5×5 阶正态分布的随机矩阵。
8. 利用画图软件画一幅图画，存盘后，读入 MATLAB 工作空间，并用数组编辑器察看这幅图画的像素值的分布情况。

1.7 华罗庚——人民的数学家

华罗庚（1910—1985），著名数学家，中国科学院数学研究所原所长，“100 位新中国成立以来感动中国人物”。他，虽然只有初中文凭，却是蜚声中外的数学家；他，虽然因病左腿残疾，但在中国的广袤土地上，到处都留有他推广优选法与统筹法的艰辛足迹，被誉为“人民的数学家”。

华罗庚的数学研究领域广泛，涉及解析数论、矩阵几何学、典型群、自守函数论、多复变函数论、偏微分方程、高维数值积分等。他在数学上的成就尤为突出，解决了高斯完整三角和的估计难题，改进了华林和塔里问题，证明了一维射影几何的基本定理，他的名字被用来命名多项数学科研成果，如“华氏定理”“华氏不等式”和“华-王方法”等，其

著作《堆垒素数论》更成为20世纪数学论著的经典。为世界数学的发展做出了不可磨灭的贡献。

华罗庚不仅做出了令世界瞩目的突出成绩，同时也满腔热情地关心和培养了一大批数学人才，他发现和培养陈景润的故事更是数学界的一段佳话。此外，万哲先、陆启铿、王元、潘承洞、段学复等人也是在华罗庚的悉心培育下成长起来的。

华罗庚的智慧之光和爱国之情，如同璀璨的星辰，永远闪耀在数学的天空，激励着后人不断前行！

1.8 习题

1. 单项选择题

(1) 可以用命令或是菜单清除命令行窗口中输入的内容。若用命令，则这个命令是(　　)。

A. clear　　B. clc　　C. clf　　D. cls

(2) 在一个矩阵的行与行之间需要用某个符号分隔，这个符号可以是(　　)。

A. 句号　　B. 减号　　C. 逗号　　D. 分号

(3) ones (n, m) 函数是用来产生特殊矩阵的，形成的矩阵称为(　　)。

A. 单位矩阵　　B. 行向量　　C. 1矩阵　　D. 列向量

(4) 在 MATLAB 中，函数 log (x) 是以(　　)为底求 x 对数。

A. 2　　B. 10　　C. x　　D. e

(5) 使用(　　)函数对3.2取整得出-4。

A. fix　　B. round　　C. ceil　　D. floor

2. 判断题

(1) 使用函数 zeros (5) 生成的是一个具有5个元素的向量。(　　)

(2) 在 MATLAB 命令行窗口中直接输入矩阵时，矩阵数据要用方括号括起来，且元素间必须用逗号分隔。(　　)

(3) 计算 A.*B 时，要求 A 和 B 结构大小相同，否则不能进行运算。(　　)

(4) 数组 A 和数组 B 的结构大小相同，表达式 A>B 的结果一定是0或1。(　　)

(5) 使用函数 abs 能够得到一个数值量的绝对值。(　　)

3. 先建立自己的工作文件夹，再将自己的工作目录设置到 MATLAB 搜索路径下，用 help 命令能查询到自己的文件夹吗？

4. gcd 函数用于求两个整数的最大公约数。先用 help 命令查看该函数的用法，然后利用该函数求15和35的最大公约数。

5. 已知 $a=4.96$，$b=8.11$，计算 $\frac{e^{a-b}}{\ln(a+b)}$ 的值。

6. 已知三角形的三条边 $a=9.6$，$b=13.7$，$c=19.4$，求三角形的面积。提示：利用海伦公式 $area=\sqrt{s(s-a)(s-b)(s-c)}$ 计算，其中 $s=(a+b+c)/2$。

7. 创建矩阵 $A=\begin{pmatrix} -1 & 0 & -6 & 8 \\ -9 & 4 & 0 & 12.3 \\ 0 & 0 & -5.1 & -2 \\ 0 & -23 & 0 & -7 \end{pmatrix}$，取出其前两列构成矩阵 B，取出其前两行构成矩阵 C，转置矩阵 B 构成矩阵 D，计算 A*B、C<D、C&D、C|D 和 ~C|~D 的值。

8. 已知矩阵 $A=\begin{pmatrix} 8 & 9 & 5 \\ 36 & -7 & 11 \\ 21 & -8 & 5 \end{pmatrix}$，$B=\begin{pmatrix} -1 & 3 & -2 \\ 2 & 0 & 3 \\ -3 & 1 & 9 \end{pmatrix}$求下列表达式的值：

（1） A+5 * B 和 A-B。

（2） A * B 和 A. * B。

（3） A ^ 3 和 A. ^ 3。

（4） A/B 和 B \ A。

（5） [A，B]。

9. 已知 A=0：9，B=10：-1：1，下列表达式的值分别是多少？

（1） A==B。

（2） A<=5。

（3） A>3&A<7。

（4） any（B>3&B<7）。

第2章 MATLAB程序设计

本章要点

- M 文件的建立与调试方法
- M 文件的程序流程语句
- 函数文件的建立与调用
- 应用程序设计

2.1 M 文件

MATLAB 命令有两种执行方式：一种是交互式的命令执行方式，用户在命令行窗口逐条输入命令，MATLAB 逐条解释执行，这种方式操作简单、直观，但速度慢，无法保留中间过程；另一种是 M 文件的程序设计方式，用户将有关命令编成程序存储在一个文件（扩展名为 m）中，MATLAB 依次执行该文件中的命令，这种方式可编写调试复杂的程序，是实际应用中主要的执行方式。

2.1.1 M 文件的建立

2.1.1
M文件的建立

M 文件是由命令或函数构成的文本文件，可以用任何文本编辑软件来建立和编辑，一般常用且最为方便的是使用 MATLAB 提供的编辑器。M 文件有命令文件（也称主程序文件）和函数文件两种，命令文件可包含多个函数文件。

1. 打开编辑器

MATLAB 有“脚本”和“实时脚本”两种文件，分别对应“编辑器”和“实时编辑器”。“实时脚本”和“实时函数”是交互式文档，在“实时编辑器”中将 MATLAB 代码与格式化文本、方程和图像组合到一起，并将其显示在创建的代码右侧，其他功能与“编辑器”完全相同。打开 MATLAB 编辑器有以下 3 种方法：

1）单击操作桌面工具栏上的“新建脚本”按钮或“新建”→“脚本”菜单。

2）在命令行窗口输入命令 edit，按〈Enter〉键。

3）使用快捷键，按〈Ctrl+N〉键。

打开的编辑器如图 2-1 所示。

2. 建立新的 M 文件

在编辑器的文档窗口输入文件内容，输入完毕后，可以直接运行该文件，也可以先保存文件。按快捷键〈Ctrl+S〉或单击工具栏的“保存”→“保存”（或“另存为”）按钮，弹出“选择另存的文件”对话框，默认的存盘名称是 Untitled。

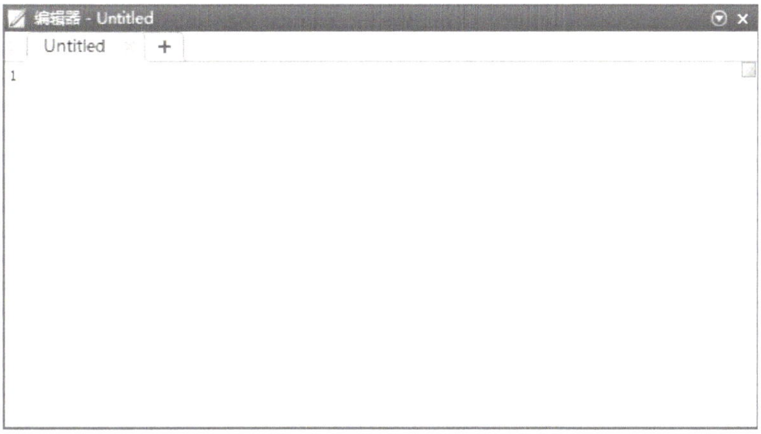

图 2-1　MATLAB 编辑器

注意： M 文件存放位置一般是 MATLAB 默认的用户工作目录，当然也可以选择其他存放目录。

【例 2-1】　编写一个 M 命令文件，将变量 a 和 b 值互换。

首先打开文本编辑器，输入以下内容：

```
clear       %清除工作空间变量
clc         %清屏幕
a=[1 3 4 7 9]          %建立 a 矩阵,并输出 a
b=[2 4 6 8 10]         %建立 b 矩阵,并输出 b
c=a;                   %矩阵 a 与矩阵 b 交换,设中间变量 c
a=b;
b=c;
a                      %输出交换的矩阵 a
b                      %输出交换的矩阵 b
```

在文本编辑器窗口菜单栏和工具栏的下面有 3 个区域：右侧的大区域是程序窗口，用于编写程序；最左面区域显示的是行号，每行都有数字，包括空行，行号是自动出现的，随着命令行的增加而增加；在行号和文本之间有一些小横线，这些横线只有在可执行的行上才有，而空行、注释行、函数定义行等行前面都没有，在进行程序调试时，可以直接在这些横线上单击，能够设置或去掉断点，断点是为了观察程序的运行状况而设置的暂停点。

3. 运行 M 文件

输入文件内容并检查后，按〈F5〉或单击工具栏中的“运行”按钮，在出现的“选择另存的文件”对话框中，输入文件名 myfile. m（以上例为例），单击“保存”按钮。如果改变存盘目录，会弹出“MATLAB 编辑器”对话框，单击“更改文件夹”按钮即可。在命令行窗口中，可看到输出：

```
a =
     1     3     4     7     9
b =
     2     4     6     8    10
a =
     2     4     6     8    10
b =
     1     3     4     7     9
```

前两个是 a、b 的原值，后两个是交换后的 a、b 值。

注意：当再次运行保存过的文件时，不会出现“选择另存的文件”对话框，而直接存盘运行。

想一想、做一做

不使用变量 c，只通过两个矩阵的加、减运算，能否交换数据？

4. 打开已有的 M 文件

打开已有的 M 文件，也有以下 3 种方法。

1）命令按钮操作：单击工具栏的“打开”按钮，从中选择要打开的文件。

2）命令操作：在命令行窗口输入命令 edit〈文件名〉，按〈Enter〉后打开指定的 M 文件。如果文件不在当前路径下，还需在文件名前加上路径。例如打开上例的文件，可在命令行窗口的>>提示符后输入 edit myfile. m。

3）快捷键操作：按〈Ctrl+O〉组合键，在打开的“Open”对话框中选择要打开的文件。

2.1.2　M 文件的调试

2.1.2
M文件的调试

在文件设计过程中，或多或少会出现一些错误，一般可以归纳为语法错误和算法错误两种。语法错误通常是在程序输入时产生的，如函数名拼写错误、括号不匹配等问题。由于这些错误的存在，文件程序不能完成全部运行过程，会在发生错误处停止运行，并在命令行窗口显示错误提示信息，因此这些错误在运行的过程中就能够被发现，可以直接调试修改。算法错误是由解题思路不正确或对问题的理解不准确而引起的，通常在运行时不会有错误提示信息，只有发现计算结果有较大的偏差、不符合设计要求、产生了意想不到的结果等情况时，才能根据结果的差异进行分析和判断，这可能是一个比较复杂的过程，通常需要利用文本编辑器调试。

1. 直接调试法

1）如果在错误信息中指出了出错的行号，可先根据错误信息检查该语句是否存在语法错误或运行中变量尺寸不一致等情况。

2）检查所调用函数或命令的拼写是否正确，括号（包括方括号和圆括号）是否配对，各种流程控制语句是否匹配（如 for 与 end、while 与 end、switch 与 end 等）。

3）检查所调用的函数或载入的数据文件是否在当前目录或搜索路径上。

4）将重点怀疑的命令行后的分号删除，使得计算结果能够实时地显示在屏幕上，作为查错的依据，根据显示的结果判断问题的所在。

5）如果怀疑某个函数文件有问题，可以在该函数文件的函数定义行前加“%”，使其函数体成为命令文件（因为命令文件中的变量存储在工作空间中，所以可以在工作空间窗口和数组编辑器观察修改），调好后再改回函数文件。

2. 设置断点调试

断点是在程序特定位置设置的中断点，设置断点是高级语言中程序调试的重要手段之一。根据需要，可以在程序中设置一个或多个断点，只有可执行语句才能够设置断点，空行或注释行不能设置。在行号上单击鼠标左键就可以设置断点，再次单击可去掉断点，设置的断点显示为粉色方块，如图 2-2 所示。

另外，编辑器的右侧是警告信息，将鼠标指针放在短横上会显示提示信息。设置断点后，单击“运行”按钮，程序运行至断点处时会暂停运行，此时可通过检查相关变量的内容等方

图 2-2　设置断点

法确定程序运行是否正确。单击“继续”按钮，程序向后继续运行，直到下个断点或程序结束。工具栏中其他按钮功能如下：

1）步进：单步执行。每单击一次，程序运行一次，但不进入函数。

2）步入：单步运行。遇到函数时进入函数内，仍然单步运行。

3）步出：停止单步运行。如果是在函数中，则跳出函数；如果不在函数中，则直接运行到下一个断点处。

4）停止：退出本次调试，但保留断点。

3. 设置分节运行

分节就是将程序分成若干个小的程序段（节），单独运行这部分语句，观察运行效果。添加分节时，可将光标移动到需要分节的行，单击“分节符”按钮，程序中会出现蓝色框并自动加入两个百分号（代表分节），如图 2-3 所示。

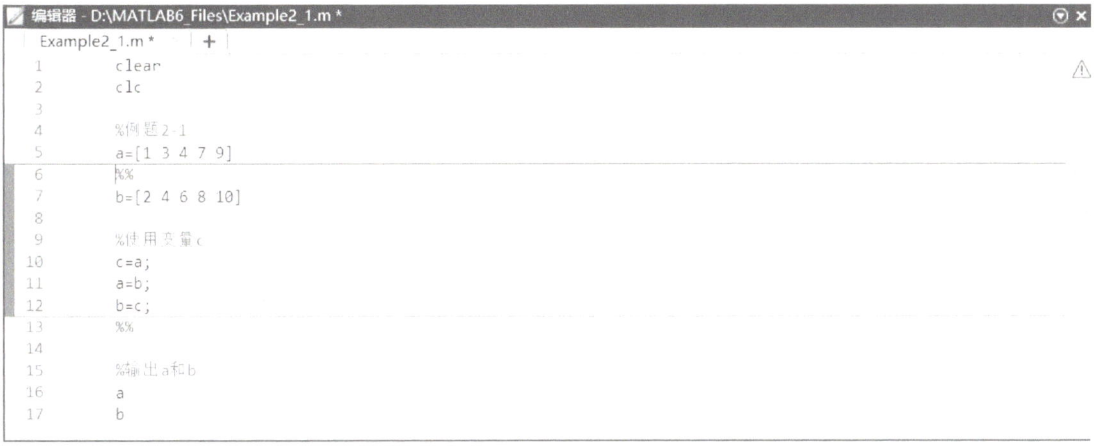

图 2-3　设置分节

添加分节后，将光标移动到需要运行的节内，单击“运行节”按钮。这时系统将运行且仅运行选中节内的程序语句，可能会出现“函数或变量无法识别”的错误。删除分节时，直接在程序中删除两个百分号即可。

另外，还有“探查器”按钮和“分析”按钮。“探查器”可以帮助确定在何处改进代码的性能，并提供有关代码的整体执行以及所调用的每个函数的信息。“分析”按钮能够打开“代码分析器”，用于识别并解决代码问题，包括问题所在之处和需要改进的地方。

2.2 程序流程语句

MATLAB 的程序流程语句主要包括选择结构和循环结构两种语句。选择结构是根据给定的条件成立或不成立，分别执行不同的语句，主要有 if 语句、switch 语句和 try 语句；循环结构是根据给定的条件来决定执行语句的次数，主要有 while 语句和 for 语句。MATLAB 的程序流程语句都以 end 为结束标志。

2.2.1 if 语句

MATLAB 语言中，if 语句有 3 种不同的格式。

1. 单分支 if 语句

单分支 if 语句是最简单的选择结构语句，其基本格式为：

```
if 表达式
    语句组
end
```

说明： 表达式多为关系表达式或逻辑表达式。如果表达式为真（非零），就执行 if 和 end 之间的语句组，然后再执行 end 之后的语句；如果表达式为假（零），就直接执行 end 之后的语句。

【例 2-2】 输入一个数，如果此数小于 10 就输出这个数，否则没有输出。

```
clear
clc
n=input('enter a number,n=');        %键盘输入一个数
if n<10
    n
end
```

按下〈F5〉键运行后单击命令行窗口，通过键盘输入数字“9”。

```
enter a number,n=9
```

按〈Enter〉键后运行结果为：

```
n =
    9
```

再次运行 M 文件后，单击命令行窗口，通过键盘输入数字“15”。

```
enter a number,n=15
```

按〈Enter〉键后，没有输出。

```
>>
```

2. 双分支 if 语句

单分支 if 语句只能处理较简单的条件，功能不全面。为此 MATLAB 还提供了双分支 if 语句。其基本格式为：

```
if 表达式
    语句组 1
else
```

```
    语句组 2
end
```

说明：如果表达式为真（非零），则执行语句组 1，再执行 end 后面的语句；如果表达式为假（为零），则先执行语句组 2，再执行 end 后面的语句。

【例 2-3】 给定两个实数，按代数值的大小输出其中的大数。

```
clear
clc
a=input('enter a number,a=');          %键盘输入数据
b=input('enter a number,b=');
if a>b
    m=a;
else
    m=b;
end
m                                      %输出最大的实数
```

按〈F5〉键运行后单击命令行窗口，通过键盘输入数字“9”，按〈Enter〉键后再输入数字“6”，观看运行结果为：

```
enter a number,a=9
enter a number,b=6
m=
    9
```

3. 多分支 if 语句

当有 3 个或更多的选择时，可采用 if 语句的嵌套，也可以采用多分支 if 语句。其基本格式为：

```
if 表达式 1
    语句组 1
    elseif 表达式 2
      语句组 2
      …
    elseif 表达式 n
      语句组 n
    else
      语句组(n+1)
end
```

说明：先判断表达式 1 的值，若为真，则执行语句组 1，执行完语句组 1 后，跳出该选择结构，继续执行 end 后的语句；当表达式 1 的值为假时，跳过语句组 1，进而判断表达式 2，若为真，则执行语句组 2，然后继续执行 end 后的语句；如果表达式 2 的值也为假，则跳过语句组 2，继续判断表达式 3；如此下去，若所有表达式都为假，则执行 else 后的语句组（n+1），再执行 end 后的语句。else 语句可以缺省。

【例 2-4】 将百分制的学生成绩转化为五级制的成绩，并输出。

【例2-4】
多分支if语句

```
clear
clc
score=input('请输入学生成绩,score=');  %从键盘输入一个学生成绩
```

```
if score>=90
    score='A'
elseif score>=80
    score='B'
elseif score>=70
    score='C'
elseif score>=60
    score='D'
else
    score='E'
end
```

按〈F5〉键运行后单击命令行窗口，通过键盘输入数字“75”，按〈Enter〉键后观看运行结果为：

```
score=
    C
```

2.2.2 switch 语句

2.2.2
switch语句

if 语句只有两个分支可供选择，如果分支较多，则嵌套的 if 语句层数多，程序冗长而且可读性降低，这种情况下可使用 switch 语句。switch 语句是多分支选择语句，其基本格式为：

```
switch  表达式
    case 数组 1
        语句组 1
    case 数组 2
        语句组 2
          …
    case 数组 n
        语句组 n
otherwise
    语句组(n+1)
end
```

说明： 先计算表达式的值，再按顺序与 case 语句后面的数组值进行比较，如果相等则执行该组语句，然后执行 end 后的语句，不再继续比较。当表达式的值不等于任何一个 case 语句后面的数组值时，程序将执行 otherwise 语句后的语句组，再执行 end 后的语句。

注意： 这种情况下缺省 otherwise 语句，程序会提示出错。

【例 2-5】 某商场对顾客所购买的商品实行打折销售，标准如下（商品价格用 price 来表示）：

price<200	没有打折
200≤price<500	3%折扣
500≤price<1000	5%折扣
1000≤price<2500	8%折扣
2500≤price<5000	10%折扣
5000≤price	14%折扣

输入某件商品的价格，求所售商品的实际销售价格。

```
clear
clc
price=input('请输入商品价格 price=')
switch fix(price/100)          %fix 为向零方向取整函数,缩小商品价格的取值范围
   case{0,1}                   %{0,1}为单元数组,表示 0、1 两种情况,价格在 200 元以内
      rate=0;                  %没有打折,折扣率为 0
   case{2,3,4}                 %价格在 200~500 元
      rate=3/100;              %折扣率为 3%
   case num2cell(5:9)          %num2cell 是数值数组转化为单元数组函数,这里
                               %相当于 case {5,6,7,8,9}
      rate=5/100;
   case num2cell(10:24)
      rate=8/100;
   case num2cell(25:49)
         rate=10/100;
   otherwise
      rate=14/100;
end
price=price*(1-rate)           %输出的实际销售价格
```

运行后单击命令行窗口，通过键盘输入数字“2000”，观看运行结果为：

```
>>请输入商品价格 price=2000
price=
        2000
price=
        1840
```

2.2.3 while 语句

while 语句是条件循环语句，在条件（多为关系表达式）控制下重复执行，直到条件不成立为止。while 循环的一般形式是：

```
while 表达式
    语句体
end
```

说明： 先计算表达式的值，如果非零，语句体就执行一次；执行完毕再次计算表达式的值，如果仍然非零，语句体就再执行一次；如此循环，直到表达式的值为零。如果表达式的值总是非零，该循环将无休止地进行（即死循环），程序设计时一定要避免。

【例 2-6】 求 1+2+3+…+100 的和。

```
clear
clc
i=0;
s=0;
while i<=100
    s=s+i;
    i=i+1;
end
s
```

运行后单击命令行窗口，观看运行结果为：

```
s =
    5050
```

想一想、做一做

求 100 以内奇数之和。

2.2.4　for 语句

for 语句为计数循环语句，在许多情况下，循环条件是有规律变化的，通常把循环条件初值、终值和变化步长放在循环语句的开头，这种形式就是 for 语句的循环结构。for 循环的基本格式如下：

```
for 循环变量名 = 表达式 1:表达式 2:表达式 3
    语句体
end
```

说明： 表达式 1 的值是循环变量的初值，表达式 2 的值是变化步长，表达式 3 的值是循环变量的终值。初值、步长和终值可以取整数、小数、正数和负数，步长可以默认，默认值为 1。

【例 2-7】　利用 for 语句，求解例 2-6。

```
clear
clc
s = 0;
for i = 1:100
    s = s+i;
end
s
```

运行后单击命令行窗口，观看运行结果为：

```
s =
    5050
```

for 语句与 while 语句的区别：已知循环次数时使用 for 语句，不知道循环次数时使用 while 语句。例如在 100 本书中找到其中一本有特殊标记的书，不知道要看多少本书才会找到，需要用 while 语句，循环的条件是找到书为止（可能看两本就找到了）；如果要在这 100 本书中挑出全部有标记的书，要用 for 循环，因为需要每本都看，即看 100 次。

想一想、做一做

求 100 以内能被 7 整除的整数之和。

2.2.5　循环的嵌套

2.2.5
循环的嵌套

如果一个循环结构的循环体又包括一个循环结构，就称为循环的嵌套，或称为多重循环。任一种循环语句的循环体部分都可以包含另一个循环语句，多重循环嵌套的层数可以是任意的。习惯上按照嵌套层数，分别叫作二重循环、三重循环等。处于内部的循环叫作内循环，处于外部的循环叫作外循环。在设计多重循环时，要特别注意内、外循环之间的关系，以及语句放置次序，不要搞错。

【例 2-8】　有一数列 $1^1+1^2+1^3+\cdots+1^{10}+2^1+2^2+2^3+\cdots+2^{10}+3^1+3^2+3^3+\cdots+3^{10}$，求这些项的和。

```
clear
clc
s=0;
for i=1:3                 %外层循环,分别产生 1、2、3
    for j=1:10            %内层循环,分别产生 1~10
        s=s+i^j;          %求和
    end
end
s                          %输出结果
```

运行后单击命令行窗口，观看运行结果为：

```
s =
    90628
```

注意：在嵌套过程中，每一个 for 都必须与其下方最近的一个 end 相匹配，否则程序将出错。

2.2.6　其他语句

1. continue 语句

continue 语句用于控制 for 循环或 while 循环跳过某些执行语句，当出现 continue 语句时，跳过循环体中所有剩余的语句，继续下一次循环，即结束本次循环。

【例 2-9】　输出 100~120 中的能被 7 整除的整数。

```
clear
clc
for i=100:120
    if rem(i,7)~=0          %rem 为求余数函数,判断能否被 7 整除
     continue               %把不能被 7 整除的数去掉,判断下个数
    end
    i                        %输出能被 7 整除的数
end
```

运行后单击命令行窗口，观看运行结果为：

```
i =
   105
i =
   112
i =
   119
```

2. break 语句

break 语句用于终止 for 循环和 while 循环的执行。当遇到 break 语句时，退出循环体，继续执行循环体外的下一个语句，即中止循环。在嵌套循环中，break 往往存在于内层的循环中。

【例 2-10】　输出 100~120 中第一个能被 7 整除的整数。

```
clear
clc
for i=100:120
    if rem(i,7)==0          %rem 为求余数函数,判断能否被 7 整除
      break                 %得到第一个数后,就中止循环
    end
end
i
```

运行后单击命令行窗口，观看运行结果为：

```
i=
   105
```

3. try 语句

MATLAB 从 5.2 版开始提供了 try 语句，这是一种试探性执行语句。其基本格式为：

```
try
  语句组 1
catch
  语句组 2
end
```

说明： 先试探性执行语句组 1，如果语句组 1 在执行过程中出现错误，则将错误信息赋给保留的 lasterr 变量，并转去执行语句组 2。

【例 2-11】 矩阵乘法运算要求两矩阵的维数相容，否则会出错。先求两矩阵的乘积，若出错，则自动转去求两矩阵的点乘（数组乘法）。

```
clear
clc
A=[1,2,3;4,5,6];            %矩阵 A 为 2 行 3 列
B=[7,8,9;10,11,12];         %矩阵 B 为 2 行 3 列
try
  C=A*B;                    %矩阵乘法
catch
  C=A.*B;                   %数组乘法
end
lasterr                     %显示出错原因
C                           %程序运算结果
```

运行后单击命令行窗口，观看运行结果为：

```
ans=
'错误使用  *
用于矩阵乘法的维度不正确。请检查并确保第一个矩阵中的列数与第二个矩阵中的行数匹配。要单独对矩阵的每个元素进行运算,请使用 TIMES(.*)执行按元素相乘。'
C=                          %结果为数组乘法
    7    16    27
   40    55    72
```

将上例的程序改为：

```
clear
clc
```

```
A=[1,2;3,4;5,6];            %矩阵 A 为 3 行 2 列
B=[7,8,9;10,11,12];         %矩阵 B 为 2 行 3 列,符合矩阵乘法要求
try
  C=A*B;                    %矩阵乘法
catch
  C=A.*B;                   %数组乘法
end
lasterr
C
```

运行后单击命令行窗口，观看运行结果为：

```
C=                    %结果为矩阵乘法
    27    30    33
    61    68    75
    95   106   117
```

2.3 函数文件

2.3
函数文件

函数文件是另一种形式的 M 文件，每一个函数文件都是定义的一个函数。事实上，MATLAB 提供的标准函数大部分都是由函数文件定义的，这足以说明函数文件的重要性。从用户的角度看，函数是一个“黑箱”，把一些数据送进去，经加工处理，把结果送出来。从形式上看，函数文件区别于命令文件之处，在于命令文件的变量在文件执行完成后保留在工作空间中，而函数文件内定义的变量只在函数文件内部起作用，当函数文件执行完后，这些内部变量将被清除。因此，在应用函数文件时，只关心函数的输入和输出。

2.3.1 基本结构

函数文件由关键字 function 引导，其基本结构为：

```
function [输出形参表]=函数名(输入形参表)
  注释说明部分
  函数体语句
return
```

说明：以 function 开头的一行为引导行，表示该文件是一个函数文件。函数名的命名规则与变量名相同。输入形参表是函数的输入参数，可以有多个，用“逗号”来分隔；输出形参表为函数的输出参数，当输出形参只有一个时，直接输入变量名而不用方括号，输出形参有多个时用“逗号”来分隔。

注意：函数文件编辑结束后，不能像 M 文件那样按〈F5〉键或单击“运行”按钮，而是要直接存盘。

（1）函数文件名

函数文件名通常由函数名再加上扩展名 m 组成，不过函数文件名与函数名也可以不相同。当两者不同时，MATLAB 将忽略函数名而使用函数文件名，调用函数时以函数文件名为依据。因此，最好把函数文件名和函数名统一，以免出错。

（2）注释说明

注释说明包括以下 3 部分内容。

1）紧随函数文件定义行之后，以%开头的第一行。这一行一般包括大写的函数文件名和函数功能的简要描述，供 lookfor 关键词查询和 help 在线帮助使用。

2）第一行之后连续的注释行。通常包括函数输入、输出参数的含义及调用格式说明等信息，构成全部在线帮助文本。

3）与在线帮助文本相隔一个空行的注释行，包括函数文件编写和修改的信息，如作者、修改日期、版本等内容，用于软件档案管理。

（3） return 语句

如果在函数文件中插入了 return 语句，则执行到该语句就结束函数的执行，程序流程转到调用该函数的位置。通常在函数文件中缺省 return 语句，这时在被调函数执行完成后自动返回。

2.3.2 函数调用

函数文件编制好后，就可以调用函数进行计算了。函数调用的一般格式为：

```
[输出实参表]=函数名(输入实参表)
```

需要注意的是，函数调用时各实参出现的顺序、个数，应与函数定义时形参的顺序、个数一致，否则会出错。函数调用时，先将实参传递给相应的形参，从而实现参数传递，然后再执行函数的功能。

【例 2-12】 编写一个函数文件，函数文件名和函数名均为 datfunction.m，对输入的两个数进行加、减运算。

打开文本编辑器或单击“新建”→“脚本”，输入以下程序：

```
function [add,mul]=datfunction(a,b)
% 这是一个计算两个数和、差的函数
add=a+b;
mul=a-b;
return
```

直接存盘后，在 MATLAB 的命令行窗口调用该函数文件：

```
>> [m,n]=datfunction(7,5)
m=
     12
n=
     2
```

也可以通过 help 命令来了解该函数，例如在命令行窗口输入：help datfunction，按〈Enter〉键后，显示：“这是一个计算两个数和、差的函数。”

想一想、做一做

编写一个计算两个数加、减、乘、除的函数。

在 MATLAB 中，函数可以嵌套调用，即一个函数可以调用别的函数，甚至调用自身。在调用一个函数的过程中直接或间接地调用该函数本身，称为函数的递归调用。

【例 2-13】 有 5 个人坐在一起。问第 5 个人多少岁，他说比第 4 个人大 2 岁；问第 4 个人多少岁，他说比第 3 个人大 2 岁；问第 3 个人多少岁，他说比第 2 个人大 2 岁；问第 2 个人多少岁，他说比第 1 个人大 2 岁；最后问第 1 个人多少岁，他说是 12 岁。求第 5 个人多大。

打开文本编辑器或单击“新建”→“脚本”，输入以下程序：

```
function c=age(n)
if n==1
    c=12;
else
    c=age(n-1)+2;
end
```

直接存盘后，在 MATLAB 的命令行窗口调用该函数文件：

```
>> hisage=age(5)
hisage=
    20
```

当函数调用完毕后，可以用 who 或 whos 查看工作空间中的变量，也可以查看工作空间窗口（workspace），会发现在工作空间窗口只有 hisage 一个变量存在，函数调用过程中的变量都已经释放。

函数有自己的专用工作空间，函数内变量与 MATLAB 工作空间之间唯一的联系是函数的输入和输出参数。如果函数的输入参数值发生变化，其变化仅在函数内出现，不影响 MATLAB 工作空间的其他变量。函数内所创建的变量只驻留在函数的工作空间，而且只在函数执行期间临时存在，函数调用结束后就释放了。

2.3.3 参数的可调性

MATLAB 在函数调用上有一个与其他高级语言的不同之处，就是函数所传递参数数目的可调性。凭借这一点，一个函数就可完成多种功能。在调用函数时，MATLAB 用两个预定义变量 nargin 和 nargout 分别记录调用函数时的输入实参和输出实参的个数。只要在函数文件中包含这两个变量，就可以准确地知道该函数文件被调用时输入和输出参数的个数，从而决定函数如何处理。

【例 2-14】 编写一个函数文件 test，比较输入 1 个参数、2 个参数和 3 个参数时的结果。

```
function apple=test(a,b,c)
if nargin==1
        apple=a;            %当只有1个输入实参时,返回参数a
elseif nargin==2
    apple=a+b;              %当有2个输入实参时,返回参数为a+b
elseif nargin==3
    apple=a+b+c;            %当有3个输入实参时,返回参数为a+b+c
end
```

在命令行窗口输入以下内容：

```
>> test(4)              %调用函数,仅输入1个参数
ans=
     4
>> test(4,5)            %调用函数,输入2个参数,显示结果为4+5
ans=
     9
>> test(4,5,6)          %调用函数,输入3个参数,显示结果为4+5+6
ans=
     15
```

2.3.4 全局变量

由于函数文件定义的内部变量只在该函数内有效，这些变量不能直接被另一个函数文件所使用。为了解决这个问题，MATLAB 使用全局变量。全局变量的作用域是整个 MATLAB 工作空间，即全程有效，所有的函数都可以对其进行存取和修改，因此定义全局变量是函数间传递信息的一种手段。在函数文件里，全局变量的定义语句应放在变量使用之前，为了便于了解所有全局变量，一般把全局变量的定义语句放在文件的前部。定义全局变量的方法是使用 global 函数，其格式为：

```
global 变量名
```

值得指出，在程序设计中，全局变量固然可以带来某些方便，但却破坏了函数对变量的封装，降低了程序的可读性。因而，在结构化程序设计中，全局变量是不受欢迎的。尤其当程序较大、子程序较多时，全局变量将给程序调试和维护带来不便，故不提倡使用全局变量。如果一定要用全局变量，最好起一个能反映变量含义的名字，以免和其他变量混淆，全局变量名多用大写字母，并有选择地以首次出现的 M 文件的名字开头，这样可以把多个全局变量之间不必要的互作用减至最小。

【例 2-15】 建立一个函数文件 sub，比较下面两个文件的运行结果，说明全局变量的作用。函数文件如下：

```
function fun=sub(z)
    global X          %在函数 sub 内,定义全局变量 X
    X=3*z;
    fun=X+5;
```

将 sub 文件保存后，输入文件 1，内容如下：

```
global X           %定义全局变量 X
X=2;
y=6;
a=sub(y);
X
a
```

运行文件 1 后，单击命令行窗口，观看运行结果为：

```
X=
    18
a=
    23
```

接下来输入文件 2，内容如下：

```
clear
clc
X=2;          %定义 X 为局部变量
y=6;
a=sub(y);
X
a
```

运行文件 2 后单击命令行窗口，观看运行结果为：

```
X =
      2
a =
     23
```

注意：运行完文件 1，再运行文件 2 时，一定要在文件 2 的开头加上 clear 函数，否则结果相同，因为全局变量 X 已经在工作空间内。

2.4 编程技巧

2.4.1 测定程序执行时间

测定程序执行时间通常使用 tic 和 toc 函数，tic 用于启动秒表，toc 用于停止秒表。

【例 2-16】 建立一个 100×100 的魔方矩阵，并测定程序执行时间。

```
clear
clc
tic                    %开始计时
A = magic(100);        %运行程序,magic 为魔方矩阵函数
toc                    %结束计时,并显示所耗时间
```

运行后在命令行窗口观看运行结果为：

```
Elapsed time is 0.006427 seconds.
```

说明：由于计算机的运算速度不同，所耗时间会不同。

2.4.2 程序的优化

毕竟 MATLAB 是一种解释性语言，同其他解释性语言一样，也存在执行速度不够理想的问题。下面是一些加快 MATLAB 程序执行的方法。

（1） 避免使用循环

MATLAB 的一个不足是对矩阵的单个元素进行循环操作时运算速度很慢，应尽量避免使用循环。编程时，尽量对矩阵或向量编程，把循环向量化，这样不仅能够缩短程序长度，而且能提高程序执行效率。在必须使用多重循环的情况下，若两个循环执行的次数不同，则应在循环的内层执行次数多的，外层执行次数少的。

（2） 对大型矩阵预先定义维数

在程序执行的过程中，有时要动态改变矩阵的维数，这将非常浪费时间。为此，应在定义大矩阵时，首先用函数（如 zeros 或 ones）对矩阵定义好维数，然后再赋值，这样会提高程序的运行效率。

（3） 优先使用内层函数

矩阵运算要首先考虑使用 MATLAB 内层函数，因为内层函数是由更底层的 C 语言构成的，执行速度快于使用循环的矩阵运算。

（4） 考虑接口语言

MATLAB 支持同其他语言进行编译连接，如果已经采取了相应措施，程序执行速度仍然很慢，则应考虑使用 C 语言或 Fortran 语言编程，然后编译连接，这样能显著地提高程序的运行速度。

【例 2-17】 分别用循环和矩阵，计算 1~10000 整数的正弦值，并测定程序运行时间。

程序 1：使用循环

```
clear
clc
tic
for i=1:10000
    y(i)=sin(i);
end
toc
```

运行后在命令行窗口观看运行结果为：

```
Elapsed time is 0.005550 seconds.
```

程序 2：使用矩阵

```
clear
clc
tic
i=1:10000;
y=sin(i);
toc
```

运行后在命令行窗口观看运行结果为：

```
Elapsed time is 0.001383 seconds.
```

2.5 实训 MATLAB 程序设计

2.5.1 跟我学

【例 2-18】 计算分段函数的值：$y=\begin{cases} x^2, & x<1 \\ x^2-1, & 1\leqslant x<2 \\ x^2-2x+1, & x\geqslant 2 \end{cases}$。

分析：该题的分段函数表示：当输入变量 $x<1$ 时，$y=x^2$；当 $1\leqslant x<2$ 时，$y=x^2-1$；当 $x\geqslant 2$ 时，$y=x^2-2x+1$。变量 x 有 3 种情况需要判断，可以用多分支 if 语句实现。

```
clear
clc
x=input('输入 x 的值 x=')
if  x<1
    y=x^2;
elseif x>=1&x<2
    y=x^2-1;
else
    y=x^2-2*x+1;
end
y
```

运行后单击命令行窗口，通过键盘输入数字“3”，观看运行结果为：

```
输入 x 的值 x=3
x =
    3
y =
    4
```

用笔算验证以上结果是否正确。输入 x 的其他取值，并验算。

【例 2-19】 用 switch 函数将学生的百分制成绩转化成等级输出，等级分为 A、B、C、D、E 五等。90 分及以上为 A，80~89 分为 B，70~79 分为 C，60~69 分为 D，60 分以下为 E。

分析：先研究 switch 语句的用法，为缩小百分制成绩的数值分布范围，将 60 分以上的成绩按 10 分一个区间取整。

```
clear
clc
score=input('请输入学生成绩 score=')
switch fix(score/10)        %fix 为向零取整函数
case{10,9}
    grade='A';
case 8
    grade='B';
case 7
    grade='C';
case 6
    grade='D';
otherwise
    grade='E';
end
grade
```

运行后单击命令行窗口，通过键盘输入数字“78”，观看运行结果为：

```
请输入学生成绩 score=78          %输入 78
score =
     78
grade =
     C
```

【例 2-20】 求 $\sum_{n=1}^{20} n!$。

分析：n 的取值范围为 1~20，计算结果就是 1!+2!+3!+…+20!。可以使用 for 循环语句实现，循环变量为 n，还需要一个临时变量实现 $n!$，再累加起来即可。

```
clear
clc
sum=0;
temp=1;
for n=1:20
    temp=temp*n;
    sum=sum+temp;
end
sum
```

运行后单击命令行窗口，观看运行结果为：

```
sum =
        2.5613e+018
```

该结果数值较大，用笔算验证太烦琐。可以将取值范围缩小，再用笔算验证，例如将 for n=1:20 改为 for n=1:3；再改为 1:4 或 1:5。小数值的结果正确，大数值一般也没有问题，主要考虑数值溢出的问题。

【例 2-21】 求一个 3×3 矩阵 $a=\begin{pmatrix}1 & 12 & 3\\4 & 5 & 16\\17 & 8 & 9\end{pmatrix}$ 对角线元素之和。

分析：该矩阵的对角元素就是 1、5、9，分别是 a（1，1）、a（2，2）和 a（3，3），特点是行下标和列下标相同，可以用 for 语句实现，循环变量取值范围为 1:3。

```
clear
clc
sum=0;
a=[1 12 3;4 5 16;17 8 9];
for i=1:3
    sum=sum+a(i,i);
end
sum
```

运行后单击命令行窗口，观看运行结果为：

```
sum =
    15
```

输入其他 3×3 矩阵，计算对角线元素之和，验证程序。

想一想、做一做

求该矩阵反对角线元素之和。

【例 2-22】 求 $S_n=a+aa+aaa+\cdots+aa\cdots a$ 之值，其中 a 是一个数字，由键盘输入；表达式位数最多项中 a 的个数，也由键盘输入。

分析：式中 $aa=a\times10+a$，$aaa=a\times10\times10+aa$，其他项也如此，可以用循环语句实现，循环变量从 1 到 “a 的最多位数”，此外还需要一个临时变量分别实现 a、aa、aaa 等。

```
clear
clc
i=1;sn=0;tn=0;
a=input('请输入 a 的数值:')
n=input('请输入位数最多项中 a 的个数:')
while i<=n
    tn=tn+a;
    sn=sn+tn;
    a=a*10;
    i=i+1;
end
sn
```

运行后单击命令行窗口，通过键盘输入数字“2”和“5”，观看运行结果为：

```
请输入 a 的数值:2          %输入 2
a =
   2
请输入位数最多项中 a 的个数:5     %输入 5
n =
    5
sn =
    24690
```

用笔算验证程序，例如 1+11+111=123。考虑如何用 for 语句实现该程序。

【例 2-23】 输出 100~1000 的所有“水仙花数”。

分析：“水仙花数”是一个 3 位数，其各位数字的立方和等于该数本身，例如 $153=1^3+5^3+3^3$。需要用循环语句得到 100~1000 的所有 3 位数，再逐个判断；把每个 3 位数的百位、十位、个位提取出来，是程序设计的关键，可以使用取整函数，例如要把 345 的百位 3 取出，可将 345/100=3.45，再将小数部分舍弃即可；取十位 4 可以用（345−3×100）/10=4.5，再舍弃小数部分。

```
clear
clc
for n=100:999
     a=floor(n/100);
     b=floor((n-a*100)/10);
     c=n-a*100-b*10;
     if n==(a^3+b^3+c^3)
          n
     end
end
```

运行后单击命令行窗口，观看运行结果为：

```
n =
    153
n =
    370
n =
    371
n =
    407
```

本题的“水仙花数”是 153、370、371、407，用笔算验证。

【例 2-24】 编写一个计算任意正整数阶乘的函数文件，并在命令行窗口调用。

分析：函数文件以 function 开头，可以自己定义函数名、输入形参名、输出形参名，阶乘用循环实现。

函数文件如下：

```
function mul=fact(n)
mul=1;
for i=1:n
```

```
    mul=mul * i;
end
```

直接存盘后在命令行窗口调用：

```
>>a=fact(5)
a=
   120
```

2.5.2 自己练

1. 编写程序计算下面分段函数的值，笔算验证程序。

$$y=\begin{cases}x-1 & x\geqslant 0\\ x^2+1 & x<0\end{cases}$$

提示：用 if-else-end 语句实现。

2. 求下面表达式的值。

$$\sum_{k=1}^{100}k+\sum_{k=1}^{50}k^2+\sum_{k=1}^{10}\frac{1}{k}$$

提示：用 for 循环语句分别实现 k、k^2 和 $1/k$。

3. 编写函数文件，实现求圆的周长和面积的功能。函数文件名为 cirarea. m，输入圆的半径，输出圆的周长和面积。

4. 建立一个 4×4 的矩阵，编程输出最大元素的行号、列号和元素值。

提示：先假设矩阵的第 1 个元素就是最大元素 A，行号、列号都为 1，再用 A 与矩阵的其他元素进行比较：若不大于 A，A 不变；若大于 A，就用大于 A 的元素更新 A、行号和列号。用循环嵌套遍历整个矩阵。

5. 输入 4 个整数，如 18、3、-6、9，要求按由大到小的顺序排序。

提示：先用第 1 个数 18 与其余 3 个数比较，比 18 大，就与 18 交换位置，保证第 1 个数就是最大的数；再用第 2 个数 3 与其余两个数比较，比 3 大，与 3 交换位置；依此类推。共比较 3 轮，每轮比较次数为 3、2、1 次，需要用循环嵌套。

6. 鸡兔同笼问题。有一群鸡和兔子，加在一起头的数量是 36，脚的数量是 100，编程序解答鸡和兔子的数量各是多少。

提示：鸡的数量+兔子的数量=36；鸡的数量×2+兔子的数量×4=100。

2.6 陈省身——微分几何之父

陈省身（1911—2004），数学界的巨人，以其在几何学领域的开创性工作，被誉为“微分几何之父”。

陈省身的学术旅程如同一场精彩的探险，从西南联合大学到普林斯顿高级研究院，再到芝加哥大学和加州大学伯克利分校，陈省身的研究影响着世界。

陈省身提出的高斯-博内-陈公式（Gauss-Bonnet-Chern），就像是为多维空间的探索者提供了一张精确的地图，让他们能够更深入地理解几何形状的奥秘。而他的陈氏示性类（Chern Class），就像是一把钥匙，开启了代数几何和拓扑学的新天地，让数学家们得以窥见复杂几何结构的内在联系。他的纤维丛理论，就像是为数学的大厦增添了新的楼层，让我们对空间的认识更加立体和全面。博特-陈定理（Bott-Chern），更是为高维空间的积分问题提供了一把锋利的刀，切开了数学难题的层层迷雾。在积分几何领域，他的贡献就像是为几何形状的统计研究安装了一台强大的显微镜，让我们能够更细致地观察和分析。

陈省身的工作不仅限于数学，他的陈-西蒙斯（Chern-Simons）微分式，就像是为理论物理学家提供了一把打开新世界的钥匙，尤其在量子场论和弦理论中发挥着至关重要的作用。

陈省身的成就，被国际数学界以最高荣誉——“沃尔夫奖”和“邵逸夫奖”所认可。其卓越成就和精神激励着后人，成为数学史上永恒的灯塔。

2.7 习题

1. M 命令文件和 M 函数文件有哪些区别？如何建立 M 函数文件？

2. 如何调试 MATLAB 程序？如何优化 MATLAB 程序？

3. 用 if-else-end 语句实现：输入一个学生成绩，判断其成绩是否及格。“及格”和“不及格”用字符数组表示。

4. 有一个数组，包含 13、5、0.69、−12.3、56、4、−7、4.6、8.91、−4、0、12、20 共 13 个元素，编写程序分别输出其中的最大数和最小数。

5. 计算如下的分段函数：

$$f(x)=\begin{cases}0, & x\leqslant 5\\ \dfrac{x-3}{4}, & 5<x\leqslant 10\\ 2x, & x>10\end{cases}$$

6. 任意输入 10 个两位整数，输出其中小于平均值的奇数。

7. 编写一个判断任意输入正整数是否为素数的程序。提示：只能被 1 和其自身整除的数为素数。

8. 已知 $S=1+2+2^2+2^3+\cdots+2^{63}$，求 S 的值。

9. 分别用 for 和 while 循环结构编写程序，计算 $\sum_{n=1}^{100}(2n-1)^2$ 的值。

10. 从键盘输入一个 4 位整数，按规则加密后输出。加密规则：每位数字都加上 7，然后用除以 10 的余数取代该整数，例如整数 5381，加密后为 2058。再编写一个解密的程序，即输入 2058，输出 5381。

11. 求下面这个数列前 20 项之和。

$$\frac{2}{1},\ \frac{3}{2},\ \frac{5}{3},\ \frac{8}{5},\ \cdots$$

12. 猴子在第一天摘下一些桃子，当天就吃掉一半，感觉不过瘾，于是就又多吃了一个。以后每天如此，到第 5 天再想吃时，发现只剩下一个桃子了。编程计算第一天猴子摘的桃子数量（提示：利用函数的递归调用实现）。

第3章 MATLAB绘图

本章要点

- 二维图形的绘制
- 图形的修饰与控制
- 特殊二维图形的绘制
- 三维图形的绘制

3.1 二维绘图

MATLAB 具有强大的图形绘制能力，用户只需提供绘图数据，指定绘图方式，即可绘出二维或三维图形。

3.1.1 plot函数

3.1.1 plot 函数

MATLAB 最常用的二维绘图函数是 plot 函数，其他二维绘图函数中的绝大多数都是以 plot 为基础构造的。该函数可打开一个默认的图形窗口，将各个数据点用直线连接绘制图形，还可以自动将数值标尺及单位标注加到两个坐标轴上。如果已经存在一个图形窗口，plot 函数将用新图形替换窗口的原有图形。plot 函数有以下几种常用形式。

1. plot（x）

说明：x 可以是向量或矩阵。

- 若 x 为向量，则绘制出一个 x 元素和 x 元素排列序号之间关系的线性坐标图。
- 若 x 为矩阵，则绘制出 x 的列向量相对于行号的一组二维图形。

【例 3-1】 单向量绘图，如图 3-1 所示。

```
clear
clc
x=[0 0.2 0.5 0.7 0.6 0.7 1.2 1.5 1.6 1.9 2.3];
plot(x)
```

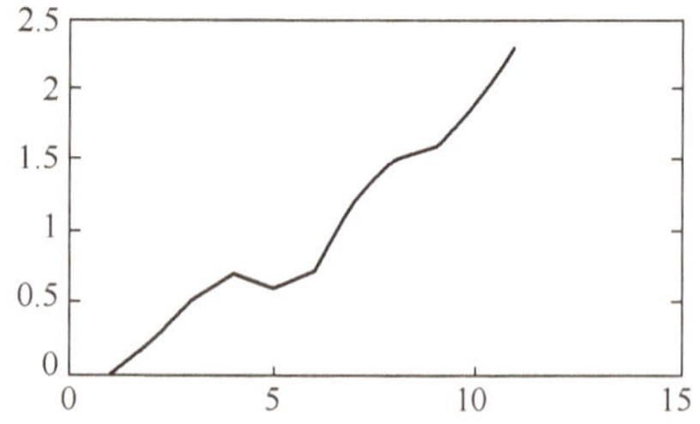

图 3-1 单向量曲线图

【例 3-2】 二维矩阵绘图如图 3-2 所示。

```
clear
clc
x=[1 2 3; 7 8 9; 13 14 15];
plot(x)
```

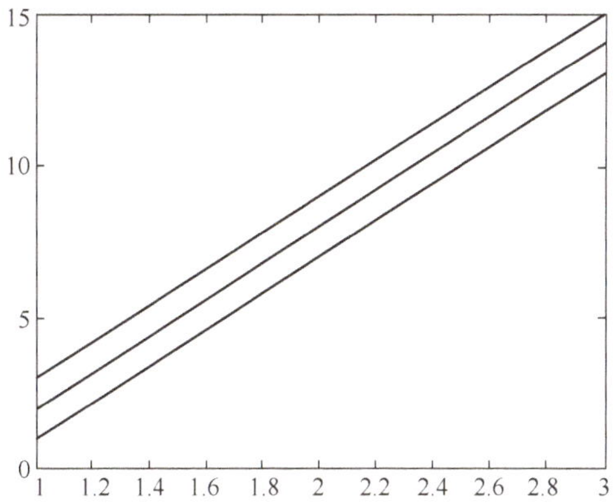

图 3-2　二维矩阵的曲线图

2. plot（x，y）

说明： x，y 可以是向量或矩阵。

- 当 x，y 均为向量时，要求向量 x 与向量 y 的长度一致，绘制出以 x 为横坐标、y 为纵坐标的二维图形。
- 当 x 为向量、y 为矩阵时，用不同颜色的曲线绘制出 y 行或列对于 x 的图形。y 矩阵行或列的选择取决于 x，y 的维数。若 y 为方阵或 y 矩阵的列向量长度与 x 向量的长度一致，则绘制出 y 矩阵各个列向量相对于 x 的一组二维图形；若 y 矩阵行向量长度与 x 向量的长度一致，则绘制出 y 矩阵各个行向量相对于 x 的一组二维图形。
- 若 x 为矩阵，y 为向量，按类似于上条的规则处理。
- 若 x，y 是同维的矩阵，绘制出 y 列向量相对于 x 列向量之间的一组二维图形。

【例 3-3】　x，y 是同样长度的向量，绘制 y 元素对应于 x 元素的曲线图，如图 3-3 所示。

```
clear
clc
x=0:0.05:4*pi;          %给出 x 向量,步长 0.05
y=sin(x);               %y 为 x 的正弦曲线函数
plot(x,y)
```

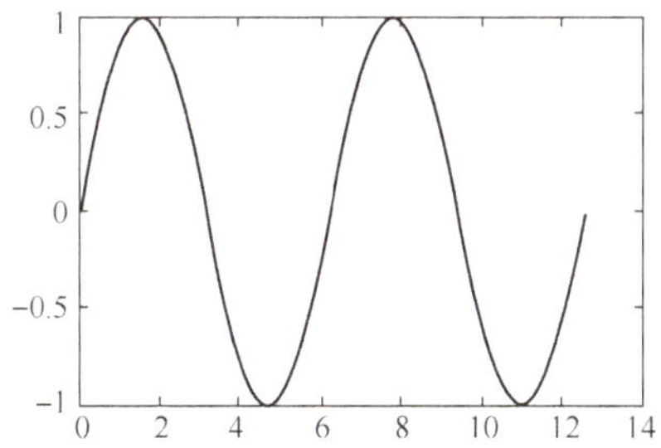

图 3-3　双向量曲线图

【例 3-4】　x 为向量，y 是列长与 x 相同的矩阵，绘制 y 对应于 x 的曲线图，如图 3-4 所示。

```
clear
clc
x=0:pi/50:2*pi;
```

```
y(1,:)=sin(x);
y(2,:)=0.3*sin(x);
y(3,:)=0.6*sin(x);
plot(x,y)
```

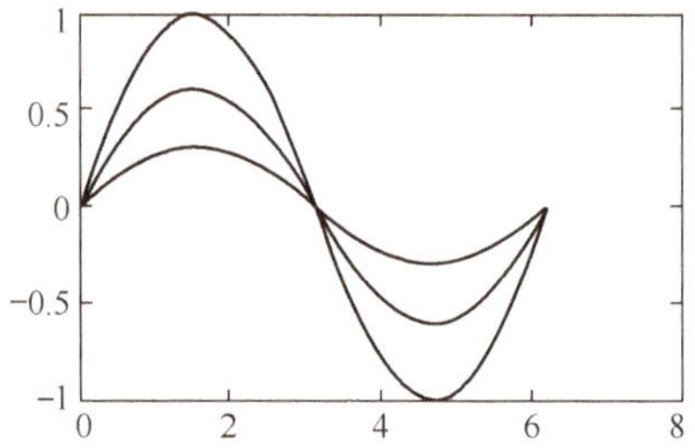

图 3-4 x 为向量，y 为矩阵的曲线图

3. plot（x，y，'参数'）

说明： x，y 可以是向量或矩阵，绘图方式与上例相同。参数选项为一个字符串，决定二维图形的颜色、线型及数据点的图标。表 3-1～表 3-3 分别给出颜色控制符、线型控制符，以及标记符与控制符。

表 3-1 颜色控制符

控制符	颜色	控制符	颜色
b	蓝色	m	紫红色
c	青色	r	红色
g	绿色	w	白色
k	黑色	y	黄色

表 3-2 线型控制符

控制符	线型	控制符	线型
—	实线(默认)	:	点连线
-.	点画线	--	虚线

表 3-3 控制符与标记符

控制符	标记符	控制符	标记符
.	点	h	六角形
+	十字号	p	五角星
o(字母)	圆圈	v(字母)	下三角
*	星号	^	上三角
x(字母)	叉号	>	右三角
s	正方形	<	左三角
d	菱形		

注意： 线型、颜色和标记符 3 种属性的控制符必须放在同一个字符串内，属性的先后顺序没有关系，可以只指定一个或两个，但同种属性不能同时指定两个。

【例 3-5】 用红颜色、点连线、叉号画出正弦曲线，如图 3-5 所示。

```
clear
clc
x=0:0.2:8;
y=sin(x);
plot(x,y,'r:x')
```

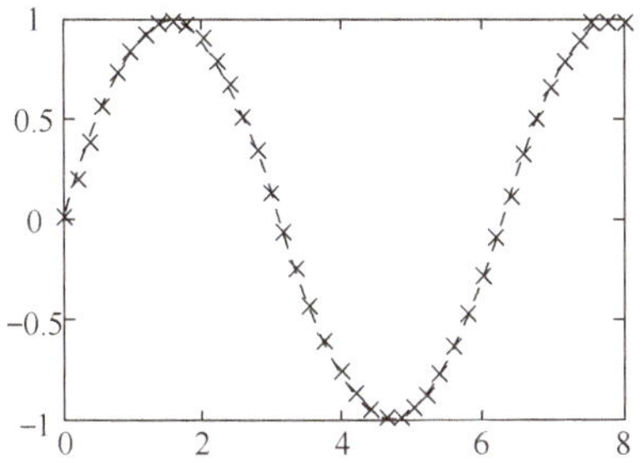

图 3-5 正弦曲线

4. plot（x1，y1，'参数 1'，x2，y2，'参数 2'，…）

说明：可以用同一函数在同一坐标系中画多条曲线。x1、y1 确定第一条曲线的坐标值，参数 1 为第一条曲线的选项参数；x2、y2 为第二条曲线的坐标值，参数 2 为第二条曲线的选项参数；其他图形以此类推。

【例 3-6】 用不同的线型在同一坐标内绘图，如图 3-6 所示。

```
clear
clc
t=0:pi/100:2*pi;
y1=sin(t);
y2=sin(t-0.35);
y3=sin(t-0.7);
plot(t,y1,':',t,y2,'--',t,y3,'-')
```

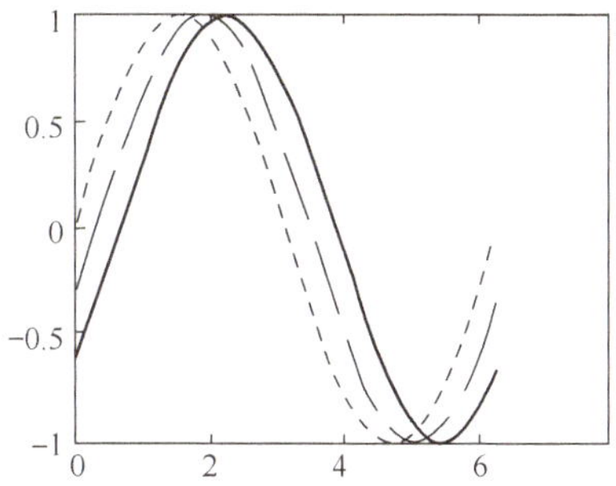

图 3-6 同一坐标内的 3 条曲线

3.1.2 图形修饰

MATLAB 提供了一系列图形修饰函数，用于对 plot 函数绘制的图形进行修饰和控制。

1. 坐标轴的调整

MATLAB 用 axis 函数对绘制图形的坐标轴进行调整。axis 函数的功能非常丰富，可用来控制坐标轴的比例和特性。

（1）坐标轴比例控制

axis([x_{min} x_{max} y_{min} y_{max}])

说明：将图形的 x 轴范围限定在［x_{min} x_{max}］，y 轴的范围限定在［y_{min} y_{max}］。MATLAB 绘制图形时，按照给定的数据值确定坐标轴参数范围。

（2）坐标轴特性控制

axis('控制字符串')

说明：axis 控制字符串及函数功能如表 3-4 所示。

表 3-4 axis 控制字符串及函数功能

控制字符串	函数功能	控制字符串	函数功能
auto	自动设置坐标系（默认）：x_{min} = min(x)、x_{max} = max(x)、y_{min} = min(y)、y_{max} = max(y)	ij	使用矩阵坐标系，即：坐标原点在左上方，x 坐标从左向右增大，y 坐标从上向下增大
square	将图形设置为正方形图形	xy	使用笛卡儿坐标系
equal	将图形的 x 和 y 坐标轴的单位刻度设置为相等	on	打开所有轴标注、标记和背景
normal	关闭 axis(square) 和 axis(equal) 函数的作用	off	关闭所有轴标注、标记和背景

（3）坐标刻度标识

```
set(gca,'xtick',标识向量)
set(gca,'ytick',标识向量)
```

说明：按照标识向量设置 x，y 轴的刻度标识。

```
set(gca,'xticklabel','字符串|字符串…')
set(gca,'yticklabel','字符串|字符串…')
```

说明：按照字符串设置 x、y 轴的刻度标注。

【例 3-7】 分别改变 x 轴和 y 轴的标注点绘制函数曲线，如图 3-7 所示。

```
clear
clc
x=0: 0.05 : 7;
y=sin(x);
plot(x,y)
axis([0 3*pi -2 2])                          %坐标轴比例控制
axis('square')                               %坐标轴特性控制
set(gca,'yticklabel','-1|-0.5|zero|0.5|one') %改变 y 轴的标注点
set(gca,'xtick',[0 1.4 3.14 5 6.28])         %改变 x 轴的标注点
```

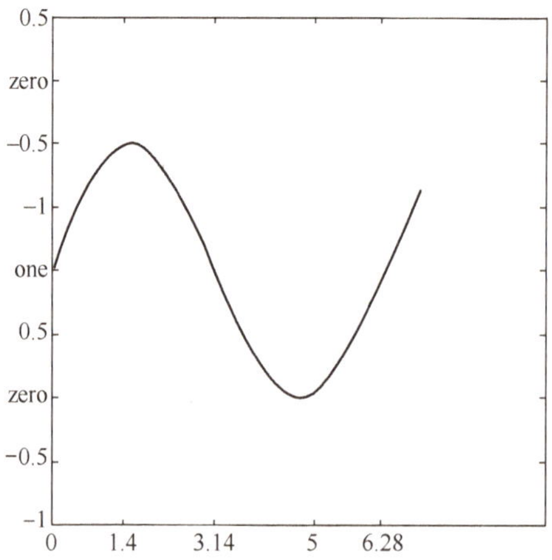

图 3-7 改变标注点的正弦曲线

2. 文字标识

有关图形的标题、坐标轴标注等图形文字标识类函数如下：

title('字符串')

说明：图形标题。

xlabel('字符串')

说明：x 轴标注。

ylabel('字符串')

说明：y 轴标注。

text(x,y,'字符串')

说明：在坐标（x，y）处标注说明文字。

gtext('字符串')

说明：在鼠标单击位置处标注说明文字。

若要在文字标识中包含特定的文字，需要在字符串中用反斜杠（\）开头输入字符，特殊字符如表 3-5 所示。

表 3-5 特殊字符

输 入 字 符	表示的特殊字符	输 入 字 符	表示的特殊字符
\pi	π	\leftarrow	←（左方向箭头）
\alpha	α	\rightarrow	→（右方向箭头）
\beta	β	\bullet	•

【例 3-8】 编辑一个 M 文件，画出正弦函数图形，图形上包括坐标轴标题、图形标题并在曲线的零点处做文字标识，如图 3-8 所示。

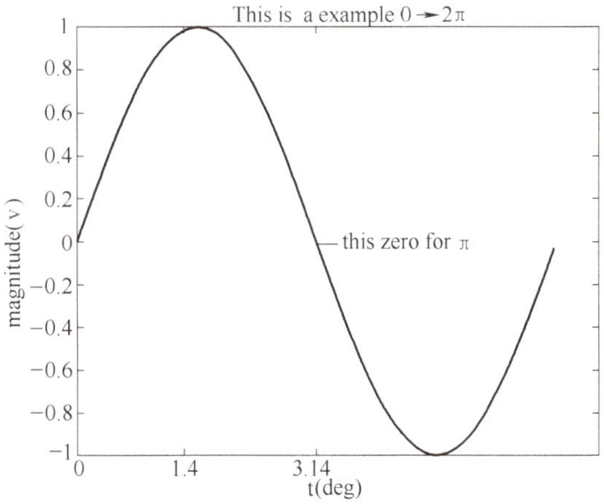

图 3-8 带有文字标识的正弦曲线

```
clear
clc
t=0:0.05:2*pi;
plot(t,sin(t))
```

```
set(gca,'xtick',[0 1.4 3.14 56.28])
xlabel('t(deg)')
ylabel('magnitude(v)')
title('This is a example 0\rightarrow 2\pi')
text(3.14,sin(3.14),'\leftarrow this zero for \pi')
```

3. 图例注解

当在一个坐标系上画出多幅图形时，为区分各个图形，MATLAB 提供出了图例注解函数。格式如下：

```
legend(字符串 1,字符串 2,…,'参数','参数值')
```

说明： 此函数在图中开启一个注解视窗，依据绘图的先后顺序，依次输出字符串对各个图形进行注解说明。例如字符串 1 表示第一个出现的线条，字符串 2 表示第二个出现的线条。

当参数为“Location”字符串时，确定注解视窗与图形的位置关系。其参数值有 north、south、east、west、northeast、northwest、southeast 和 southwest，分别表示注解视窗在图形中的 8 个位置；参数值 northoutside、southoutside、eastoutside、westoutside、northeastoutside、northwestoutside、southeastoutside、southwestoutside，分别表示注解视窗在图形外的 8 个位置；参数值 best 和 bestoutside，分别表示注解视窗尽量不与数据冲突，自动放置在最佳位置。

当参数为 Orientation 字符串时，确定注解字符串的排列方式，其参数值有 vertical（垂直排列）和 horizontal（水平排列）。

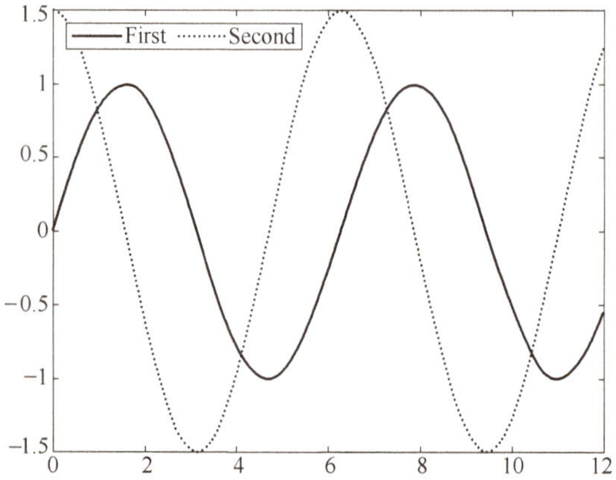

图 3-9　带有图例注解的函数曲线

【例 3-9】 在同一坐标内，绘出两条函数曲线并做图例注解（如图 3-9 所示）。

```
clear
clc
x=0:0.2:12;
plot(x,sin(x),'-',x,1.5*cos(x),':');
%将注解视窗放置在图形视窗的左上方、水平排列
legend ('First','Second','Location','northwest','Orientation','horizontal');
```

另外，可以用鼠标拖动注解视窗，以便将其放置在一个合适的位置。

3.1.3　图形控制

1. 图形的保持

hold 函数用于保持当前图形。用 plot 函数绘图时，首先将当前图形窗口清屏，再绘制图形，所以只能见到最后一个 plot 函数绘制的图形。为了能利用多个 plot 函数在同一图形界面中绘制多条函数曲线，需要保持图形。

```
hold on
```

说明： 保持当前图形及轴系的所有特性。

```
hold off
```

说明：解除图形保持。

【例 3-10】　在同一个窗口，使用两次 plot 函数绘制出两条曲线，如图 3-10 所示。

```
clear
clc
x=0:0.2:12;
plot (x,sin(x),'-')
hold on
plot(x,1.5*cos(x),':');
```

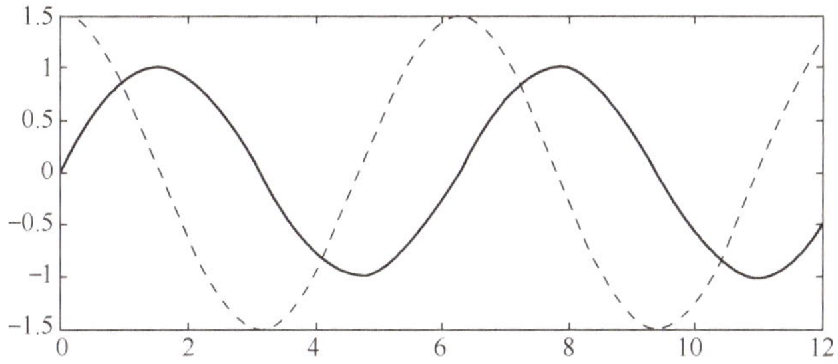

图 3-10　两次绘制的函数曲线

2. 网格控制

网格是根据坐标轴刻度标识画出的格线。画出网格，便于对曲线进行观察和分析。设置或取消网格需要使用网格控制函数，函数如下：

```
grid on
```

说明：在所画的图形中添加网格线。

```
grid off
```

说明：在所画的图形中去掉网格线。

可以输入函数 grid 添加网格线，再一次输入函数 grid，则取消网格线。

3. 图形窗口的分割

subplot 函数可以将窗口分割成几个区域，在各个区域中分别绘图。

```
subplot(m,n,p)
```

说明：将当前窗口分割成 m×n 个小区域，并指定第 p 个区域为当前的绘图区域。区域的编号原则是“先上后下，先左后右”。MATLAB 允许每个编号区域用不同的坐标系单独绘图。n 和 p 前面的逗号可以省略。

【例 3-11】　把当前窗口分割成 4 个区域，绘制 4 条函数曲线，如图 3-11 所示。

```
clear
clc
x=0:0.05:7;
y1=sin(x);
y2=1.5*cos(x);
y3=sin(2*x);
y4=5*cos(2*x);
subplot(2,2,1);plot(x,y1);title('sin(x)')
subplot(2,2,2);plot(x,y2);title('cos(x)')
```

```
subplot(223);plot(x,y3);title('sin(2x)')
subplot(224);plot(x,y4);title('cos(2x)')
```

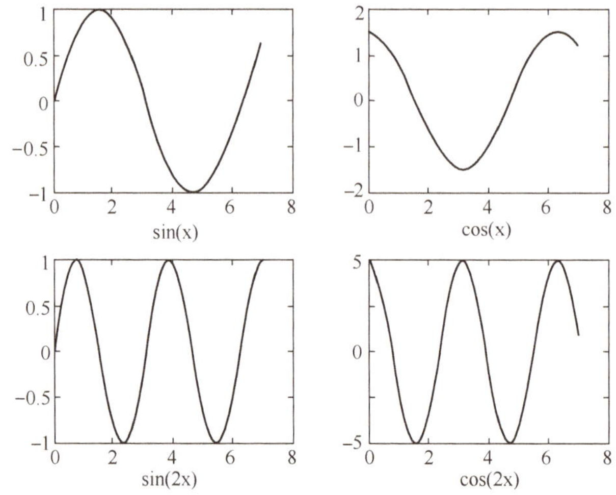

图 3-11　同一窗口的 4 条函数曲线

4. 图形的填充

fill 函数用于填充二维封闭多边形。

```
fill(x,y,'颜色参数')
```

说明：在由数据所构成的多边形内，用指定的颜色填充。如果该多边形不是封闭的，则用初始点和终点的连线将其封闭。颜色参数三维控制符同 plot 函数，如表 3-1 所示。

【例 3-12】　绘制正弦函数，并用黑色填充，如图 3-12 所示。

```
clear
clc
x=0:0.05:7;
y=sin(x);
subplot(121)
plot(x,y)
subplot(122)
fill(x,y,'k')
```

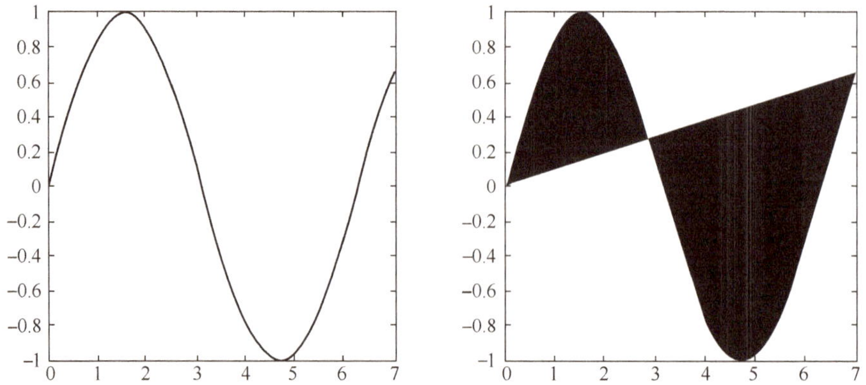

图 3-12　用黑色填充的正弦曲线

可以看到，由于该图形不是封闭的，MATLAB 用初始点和终点连线将其封闭，并填充黑色。

3.2 特殊二维图形绘图

3.2.1
特殊坐标
二维图形

3.2.1 特殊坐标二维图形

MATLAB 提供一些特殊坐标的二维图形函数，如 semilogx、semilogy 和 polar 函数。这些函数与 plot 函数功能类似，也可以带图形修饰和控制的参数，与 plot 函数的参数完全相同。这些绘图函数与 plot 函数的区别是将数据绘制到不同的坐标系上，如表 3-6 所示。

表 3-6 特殊坐标二维图形函数

函数名称	命令格式	说明
对数坐标图形	semilogx(x,y,参数)	绘制半对数坐标图形，其横轴取以 10 为底的对数坐标，纵轴为线性坐标。对 x,y 的要求与 plot 函数相同
	semilogy(x,y,参数)	绘制半对数坐标图形，其纵轴取以 10 为底的对数坐标，横轴为线性坐标。对 x,y 的要求与 plot 函数相同
	loglog(x,y,参数)	绘制坐标轴都取以 10 为底的对数坐标图形。对 x,y 的要求与 plot 函数相同
极坐标图形	polar(theta,radius,参数)	函数绘制相角为 theta、半径为 radius 的极坐标图形。相角为弧度制

【例 3-13】 对同一向量分别绘制线性坐标图和 3 种对数坐标图，如图 3-13 所示。

```
clear
clc
y=[0,0.55,2.5,6.1,8.5,12.1,14.6,17,20,22.1];
subplot(221);plot(y);
title('线性坐标图');
subplot(222);semilogx(y);
title('x 轴对数坐标图');
subplot(223);semilogy(y);
title('y 轴对数坐标图');
subplot(224);loglog(y);
title('双对数坐标图');
```

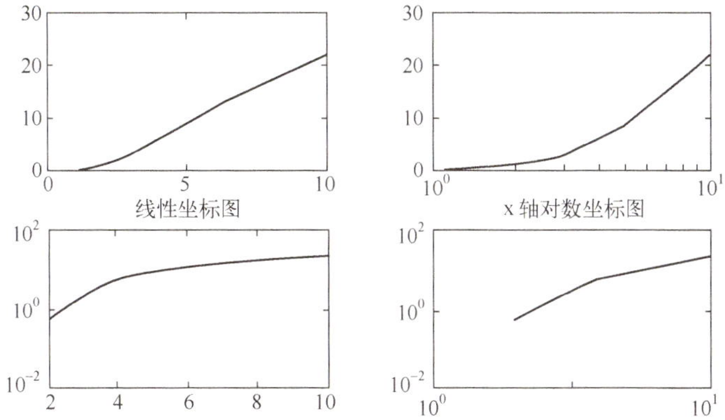

图 3-13 线性坐标图和 3 种对数坐标图

【例 3-14】 绘制极坐标图，如图 3-14 所示。

```
clear
clc
t=0:0.01:2*pi;
r=2*cos(2*(t-pi/8));
polar(t,r)
```

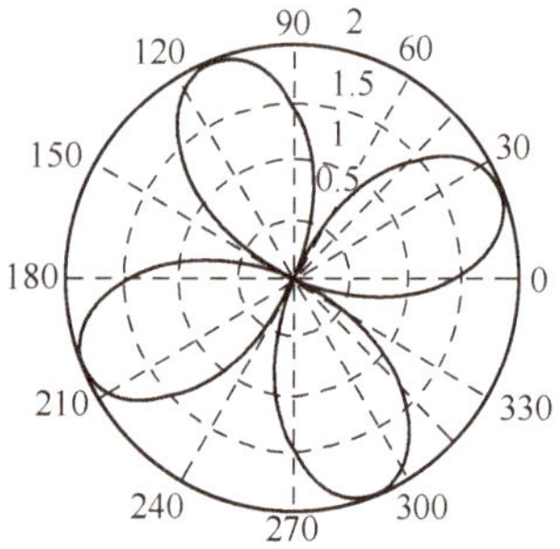

图 3-14 极坐标图

3.2.2 特殊二维图形

3.2.2
特殊二维图形

MATLAB 支持绘制各种类型的图形，能够将数据信息准确有效地表达出来，图形类型的选择通常取决于数据特点和表现形式。在直角坐标系中，MATLAB 能够绘制的特殊二维图形主要有饼图、梯形图、条形图、概率分布图和向量图。

- 饼图常用来表示各种因素所占的百分比，还可以把其中的几个部分突出显示。
- 梯形图用来表示系统中的采样数据。
- 条形图用来表示一些数据的对比情况，有垂直方向的条形图和水平方向的条形图两种。
- 概率分布图多用于研究随机系统的数据分布情况。
- 向量图用于复数绘图。

特殊二维图形函数如表 3-7 所示。

表 3-7 特殊二维图形函数

函数名称	命令格式	说明
绘图函数	fplot(@(x)f(x),[n,m])	x 为函数名。用来绘制函数 x 在区间[min ,max]内的变化图形
饼图	pie(x,参数)	若 x 为向量,绘制 x 的每一元素占全部向量元素总和的百分比图形;若 x 为矩阵,绘制 x 的每一元素占全部矩阵元素总和的百分比的图形。参数表示某元素对应的扇块是否从整个饼图中分离出来,若为零表示不分离,非零则分离出来。参数向量维数应与 x 相同
条形图	bar(x,参数)	绘制垂直方向的条形图。若 x 为向量,则以其元素序号为横坐标,以元素为纵坐标绘图。若 x 为矩阵,同时参数字符串为 group 或默认,则以行号为横坐标,每列元素为纵坐标绘图;若参数字符串为 stack,则以列号为横坐标,以列向量的累加值为纵坐标,绘制分组式条形图;若参数为数字,则给定线条的宽度,默认值为 0.8,若大于 1,则条形图重叠
	barh(x,参数)	水平方向的条形图。与垂直方向条形图函数用法相同
梯形图	stairs(x)	x 为向量。绘制以 x 向量序号为横坐标,以 x 向量的各个对应元素为纵坐标的梯形图
	stairs(x,y)	x,y 均为向量。绘制以 x 向量的各个对应元素为横坐标,以 y 向量的各个对应元素为纵坐标的梯形图
概率分布图	hist(y,x)	x,y 均为向量。绘制 y 在以 x 为中心的区间中分布个数的条形图
原点向量图	compass(x)	x 为向量。绘制相对于原点的向量图
	compass(x,y)	以复数坐标系的原点为起点,绘制出有箭头的一组复数向量,其中向量 x 表示复数的实部,向量 y 表示复数的虚部
水平向量图	feather(x) feather(x,y)	x,y 均为向量。与 compass 函数的用法相同,两者的区别是起点不同,compass 函数起始于坐标原点,feather 函数起始于向量各元素的序号

1. 绘图函数 fplot

【例 3-15】 绘制函数 $f(x)=\cos(\tan(\pi x))$ 的曲线，自适应的函数图形如图 3-15 所示。

```
clear
clc
fplot(@(x)cos(tan(pi*x)),[-0.4,1.4])
```

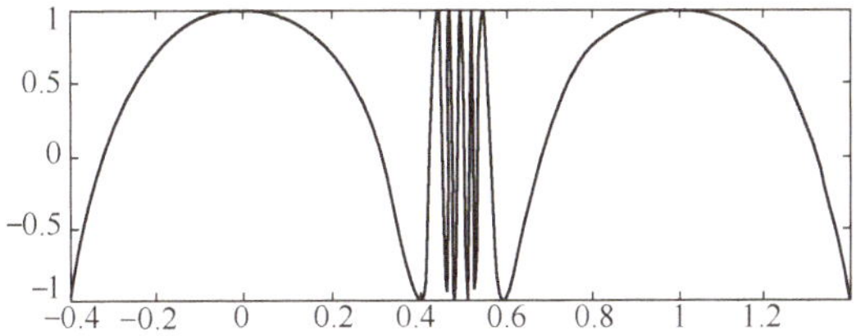

图 3-15 自适应的函数图形

fplot 函数不同于前面介绍的绘图函数，它能对函数进行自适应采样，即能够发现并对曲线变化率大的区段进行密集采样，可以更好地反映函数的变化规律；它还能够对曲线变化率小的区段进行稀疏采样，可以提高绘图速度。

2. 饼图和条形图

饼图和条形图都常用于统计中。饼图表示各因素所占的百分比；条形图用来表示一些数据的对比情况。MATLAB 提供了两类条形图的函数：一类是垂直方向的条形图；另一类是水平方向的条形图。另外，bar3 函数可绘制三维条形图。

【例 3-16】 某次考试学生成绩优秀的占 8%、良好的占 20%、中等的占 36%、及格的占 24%、不及格的占 12%。分别用饼图、条形图表示，如图 3-16 所示。

```
clear
clc
x=[8 20 36 24 12];
subplot(221);pie(x,[1 0 0 0 1]);
title('饼图');
subplot(222);bar(x,'group');
title('垂直条形图');
subplot(223);bar(x,'stack');
title('累加值为纵坐标的垂直条形图');
subplot(224);barh(x,'group');
title('水平条形图');
```

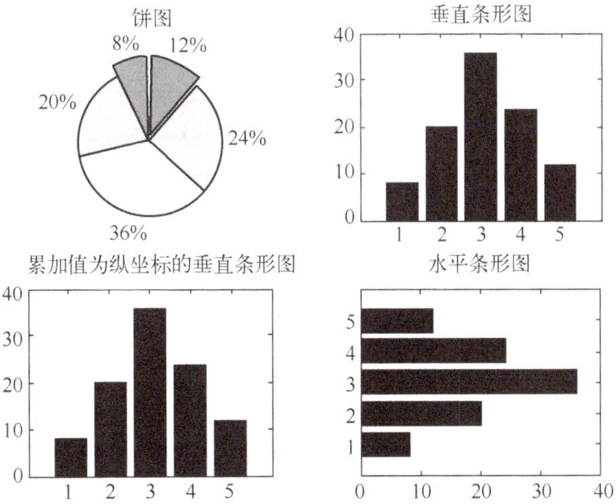

图 3-16 学生成绩统计图

在学生成绩统计的饼图中，将第 1 块（代表优秀学生数量）和第 5 块（代表不及格学生数量）分离出来突出显示。

3. 梯形图

梯形图可以用来表示系统中的采样数据。

【例 3-17】 用梯形图分别表示向量和正弦函数，如图 3-17 所示。

```
clear
clc
x=0:0.1:3;
y=sin(x);
subplot(121);stairs(x);
subplot(122);stairs(x,y);
```

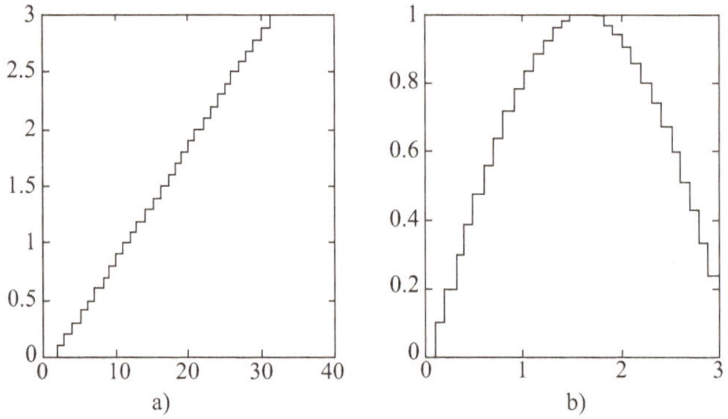

图 3-17 向量和正弦函数图
a）向量图 b）正弦函数图

4. 概率分布图

研究随机系统时，常常用到概率分布图，也称直方图。

【例 3-18】 绘出 1000 个点的正态分布随机矩阵概率分布图，如图 3-18 所示。

```
clear
clc
x=randn(1,1000);
y=-4:0.1:4;
histogram(x,y)
```

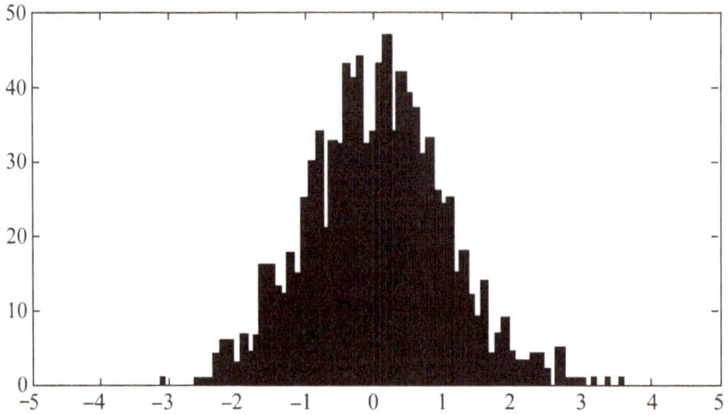

图 3-18 正态分布随机矩阵概率分布图

5. 向量图

向量图有原点向量图和水平向量图两种，二者的区别仅在于坐标的起点不同。向量图可以绘制复数图形。

【例 3-19】 绘出复数向量的原点向量图和水平向量图，如图 3-19 所示。

```
clear
clc
x=[-2+3j,3+4j,1-7j];
subplot(121);compass(x);
real=[-2 3 1];
imag=[3 4 -7];
subplot(122);feather(real,imag);
```

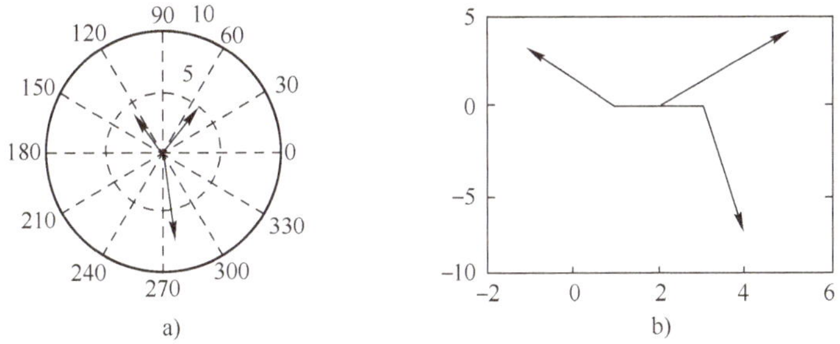

图 3-19 复数向量的原点向量图和水平向量图

a）复数向量的原点向量图 b）复数向量的水平向量图

3.3 三维图形

三维绘图用于绘制立体图形，需要三维数据，才能建立三维坐标，进而绘制三维图形。

3.3.1 三维数据的产生

MATLAB 提供了两个用于生成三维数据的函数。

1. peaks 函数

用于创建双峰函数，并用双峰函数绘图。

```
[x,y,z]=peaks(n)
```

说明：x，y，z 均为 n×n 的方阵。其中 x 的每一列的元素都相同，每一行的元素均是在 [−3，3] 区间内的 n 等分；y 的每一行的元素都相同，每一列的元素均是在 [−3，3] 区间内的 n 等分；n 的默认值为 49。z 是 x 和 y 的函数，有如下关系：

$$z=3(1-x)^2\mathrm{e}^{-x^2-(y+1)^2}-10\left(\frac{x}{5}-x^3-y^5\right)\mathrm{e}^{-x^2-y^2}-\frac{1}{3}\mathrm{e}^{-(x+1)^2-y^2}$$

2. meshgrid 函数

按指定方式创建网格矩阵。

```
[X,Y]=meshgrid(a,b)
```

说明：将等长度向量 a，b 转换为二维网格数据，再以一组 z 轴的数据对应到这个二维网格，即可得到三维数据。

【例 3-20】 创建三维网格数据。

```
clear
clc
```

```
a=[1,2,3,4];
b=[5,6,7,8];
[X,Y]=meshgrid(a,b)
Z=X. * Y
```

程序运行结果如下：

```
X =
     1     2     3     4
     1     2     3     4
     1     2     3     4
     1     2     3     4
Y =
     5     5     5     5
     6     6     6     6
     7     7     7     7
     8     8     8     8
Z =
     5    10    15    20
     6    12    18    24
     7    14    21    28
     8    16    24    32
```

3.3.2　三维曲线图

3.3.2
三维曲线图

MATLAB 提供了 plot3 函数绘制三维曲线图形。该函数将绘制二维图形的函数 plot 的特性扩展到了三维空间，其功能和使用方法类似于绘制二维图形的函数。其格式为：

```
plot3(x1,y1,z1,'参数 1',x2,y2,z2,'参数 2',…)
```

1. 向量曲线图

如果 x，y 和 z 是同样长度的向量，则绘制出一条在三维空间贯穿的曲线。

【例 3-21】　建立并绘制一条三维曲线，如图 3-20 所示。

```
clear
clc
z=0:pi/50:10 * pi;
x=sin(z);
y=cos(z);
plot3(x,y,z)
```

2. 矩阵曲线图

如果 x，y 和 z 是 $m\times n$ 的矩阵，则绘制出 m 条三维空间曲线。

【例 3-22】　绘出多条三维空间曲线图，如图 3-21 所示。

```
clear
clc
[x,y]=meshgrid([-2:0.1:2]);
z=x. * exp(-x. ^2-y. ^2);
plot3(x,y,z)
```

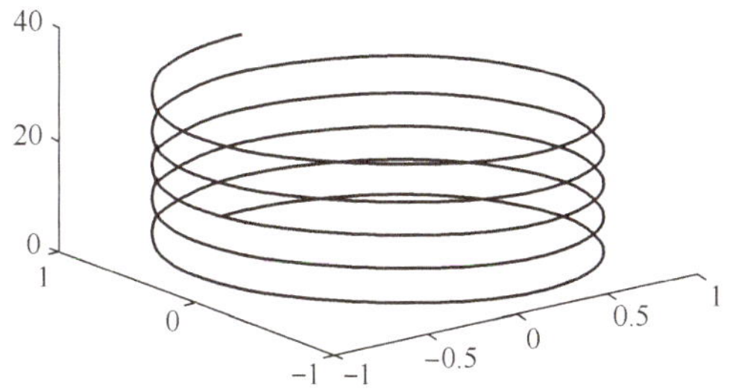

图 3-20 一条三维曲线

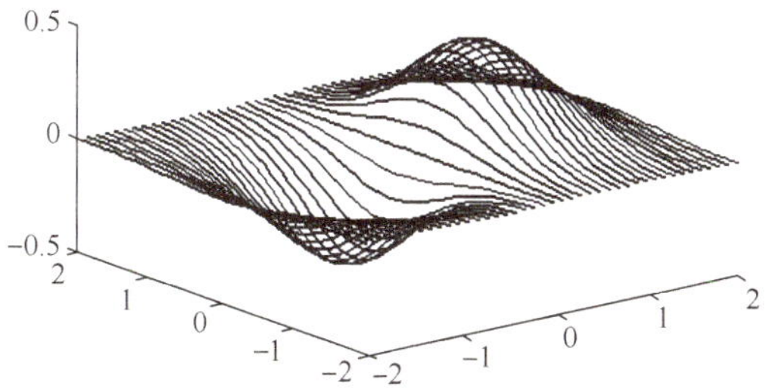

图 3-21 多条三维空间曲线图

3.3.3
三维曲面图形

3.3.3 三维曲面图形

MATLAB 还提供了一些函数，可在三维空间中绘制曲面或网格框架。三维曲面图形函数如表 3-8 所示。

表 3-8 三维曲面图形函数

函数名称	命令格式	说明
三维网格曲面	mesh(x,y,z,c) mesh(x,y,z) mesh(z,c) mesh(z)	当 x,y 为 $n\times m$ 矩阵时，且 x 矩阵的所有行向量相同、y 矩阵的所有列向量相同时，mesh 函数将自动执行 meshgrid(x,y)，将 x,y 转换为三维网格数据矩阵。z 和 c 分别为 $m\times n$ 矩阵，c 表示网格曲面的颜色分布，若省略，则网格曲面的颜色亮度与 z 方向上的高度值成正比。x,y 若均省略，则三维网格数据矩阵取值 x=1:n,y= 1:m
带等高线的三维网格曲面	meshc(x,y,z,c) meshc(x,y,z) meshc(z,c) meshc(z)	绘制有等高线(XY 平面)的三维网格曲面。这些函数类似于 mesh 函数，不同的是该函数还在 XY 平面上绘制曲面在 Z 轴方向上的等高线
带底座的三维网格曲面	meshz(x,y,z,c) meshz(x,y,z) meshz(z,c) meshz(z)	绘制带有底座的三维网格曲面。这些函数类似 mesh 函数，不同的是该函数还在 XY 平面上绘制曲面的底座
填充颜色的三维网格曲面	surf(x,y,z,c) surf (x,y,z) surf (z,c) surf (z)	函数 mesh 绘制连接三维空间的一些四边形所构成的曲面，该曲面只有四边形的边用某种颜色绘出，四边形的内部是透明的。surf 函数绘制的曲面也由一些四边形所构成，不同的是四边形的边是黑色的，其内部用不同的颜色填充

【例 3-23】 绘制函数 $Z=\dfrac{\sin(\sqrt{x^2+y^2})}{\sqrt{x^2+y^2}}$ 的 4 种三维网格曲面，如图 3-22 所示。

```
clear
clc
x=-10:0.5:10;
y=-8:0.5:8;
```

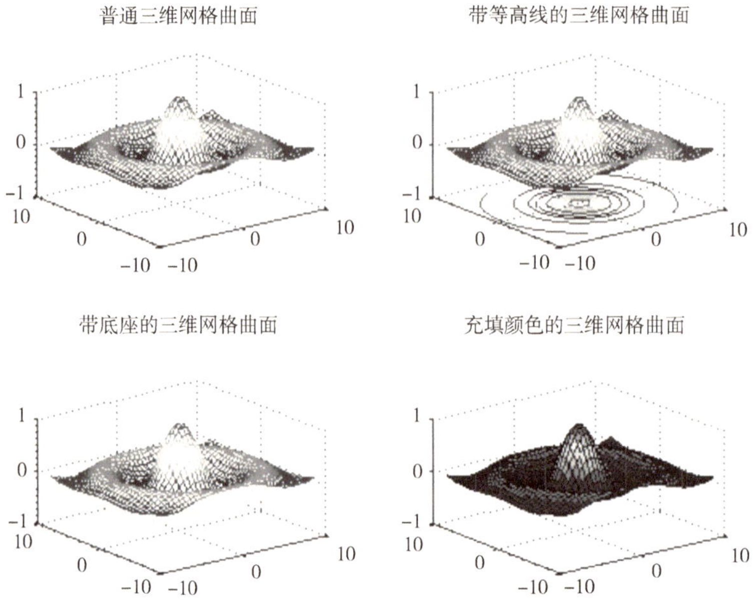

图 3-22 4 种三维网格曲面

```
[X,Y]=meshgrid(x,y);
Z=sin(sqrt(X.^2+Y.^2))./sqrt(X.^2+Y.^2);
subplot(221);
mesh(X,Y,Z);
title('普通三维网格曲面');
subplot(222);
meshc(X,Y,Z);
title('带等高线的三维网格曲面');
subplot(223);
meshz(X,Y,Z);
title('带底座的三维网格曲面');
subplot(224);
surf(X,Y,Z);
title('充填颜色的三维网格曲面')
```

3.4 图形交互式编辑

MATLAB 图形窗口不仅仅是一个被动的显示窗口，而且是一个可以对图形进行编辑的交互式操作界面，允许用户直接在图形上标记字符、直线或箭头，甚至可以直接绘图。

3.4.1 图形编辑工具

3.4.1
图形编辑工具

单击“新建”→“图窗”菜单，可以新建一个 MATLAB 图形窗口，也可以通过绘图函数打开图形窗口。例如在命令行窗口输入以下程序（也可以编辑 M 文件）：

```
>> t=linspace(-5,5);          %均分函数,取 100 个点
>> y=sinc(t);
>> plot(t,y);
```

程序运行后，弹出的图形窗口如图 3-23 所示。

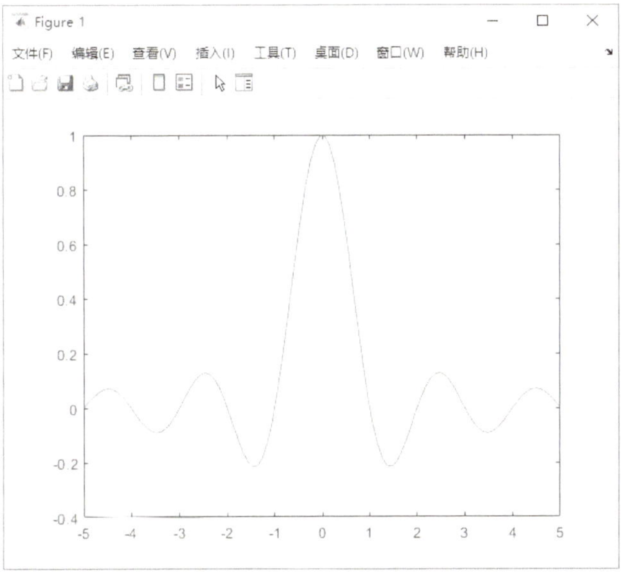

图 3-23　图形窗口

单击“工具”→“编辑绘图”菜单，然后单击“图形窗口”或“坐标轴”或“图形曲线”，出现表示选中的“方块”后，可用鼠标拖动编辑。再次单击“编辑绘图”菜单，可取消“方块”。“工具”菜单中的其他选项，请自行练习。

单击“查看”→“图窗工具栏”菜单，显示的图形工具按钮及主要功能如表 3-9 所示。

表 3-9　图形工具按钮及主要功能

工具图标	工具名称	功能	工具图标	工具名称	功能
	链接绘图	使数据图与变量编辑器相链接		插入颜色栏	在图形窗中增添色轴
	插入图例	用来加入不同的图例以区分不同参数在图形上的表示		编辑绘图	单击该键后，用鼠标双击图形对象，便进入相应的编辑状态
	打开属性检查器	可设置当前选中图形对象的属性			

单击“查看”菜单，分别选中“照相机工具栏”和“绘图编辑工具栏”。其中“照相机工具栏”用于设置光源、视角和照相机机位等；“绘图编辑工具栏”用于绘制直线、箭头、文字等。

3.4.2　图形对象的属性编辑

在图形窗口中，用户能够方便地对图形窗口、坐标和线段的属性进行编辑操作，以满足用户的需要。

1. 图形窗口的属性编辑

在图形窗口的空白处（不在坐标内即可）单击，图形窗口出现方块（表示选中），单击

“查看”→“属性编辑器” 菜单，出现如图 3-24 所示属性编辑器。

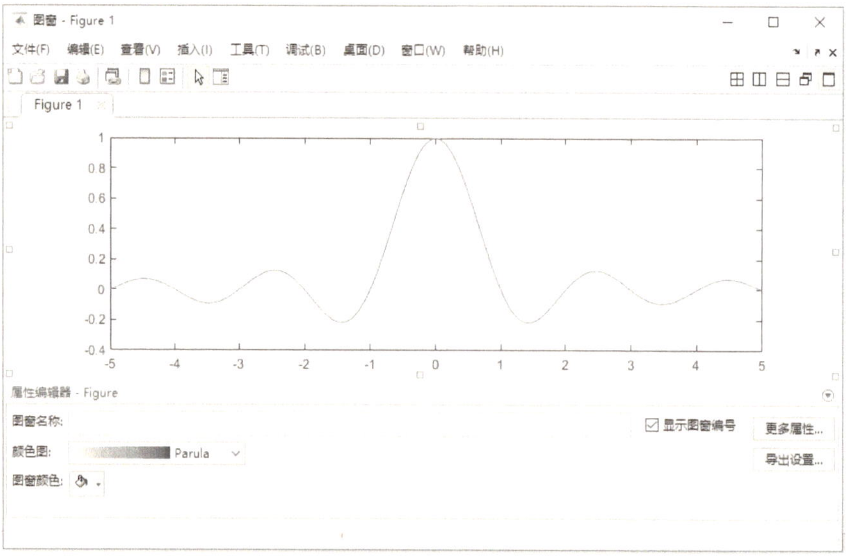

图 3-24　图形窗口的属性编辑器

在图形的属性编辑器中，“图窗名称” 可定义图窗的名称，“颜色图” 用于定义图窗的颜色风格，“图窗颜色” 用于设定图窗的背景颜色。

2. 坐标的属性编辑

在图形的坐标上单击，坐标上出现方块（表示选中），单击 “查看”→“属性编辑器” 菜单，出现如图 3-25 所示属性编辑器。

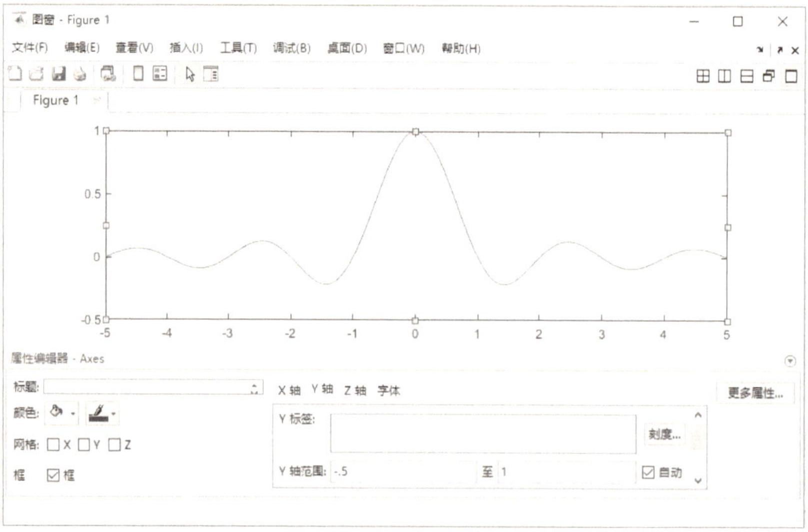

图 3-25　坐标的属性编辑器

在坐标属性编辑器中，“标题” 可定义图形的名称，“颜色” 分别用于定义坐标内的颜色和坐标轴的颜色，“网格” 用于设置 3 个坐标轴的网格，“X 轴” “Y 轴” 和 “Z 轴” 用于定义相应坐标的名称，“字体” 用于定义坐标文字的字体、字号等。

3. 线段的属性编辑

在图形的线段上单击，线段上出现方块（表示选中），单击“查看”→“属性编辑器”菜单，出现如图 3-26 所示属性编辑器。

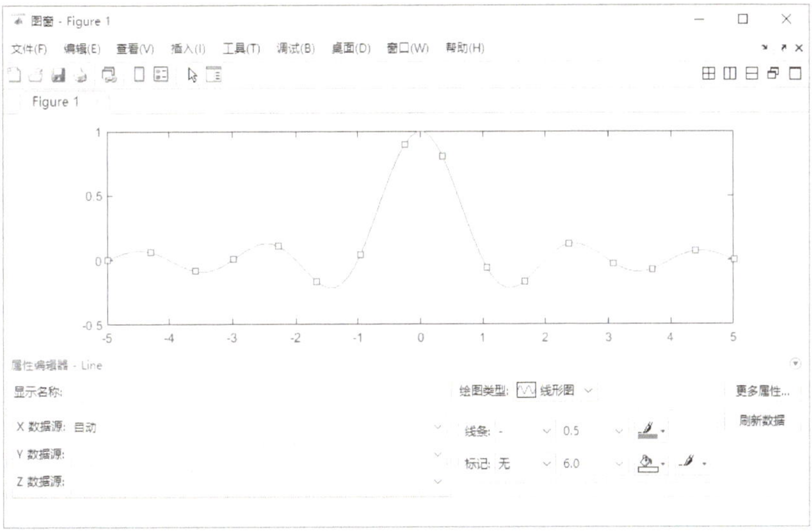

图 3-26　线段的属性编辑器

在线段的属性编辑器中，“显示名称”可定义线段的句柄显示名称，单击“更多属性”按钮可以看到更多的参数设置。“X 数据源”用于指定 X 轴的数据来源，“Y 数据源”用于指定 Y 轴的数据来源，“Z 数据源”用于指定 Z 轴的数据来源。改变数据来源后，需单击“刷新数据”按钮才能生效。“线条类型”用于选择数据的显示类型，有条形图、梯形图等。不同的数据类型有不同的参数，但主要有线条和数据标记点等两类参数。

3.5　实训 MATLAB 绘图

3.5.1　跟我学

【例 3-24】　在同一坐标内，画出一条正弦曲线和一条余弦曲线。要求正弦曲线用红色实线，数据点用“+”号显示；余弦曲线用黑色点线、数据点用“*”号显示，并给图形加入网格和标注。同一坐标内的正弦曲线和余弦曲线如图 3-27 所示。

```
clear
clc
x=0:pi/10:2*pi;
y1=sin(x);
y2=cos(x);
plot(x,y1,'r+-',x,y2,'k*:')
grid on                          %添加网格
xlabel('x 坐标')                 %横坐标名
ylabel('y 坐标')                 %纵坐标名
text(1.5,0.5,'cos(x)')           %指定位置加标注
```

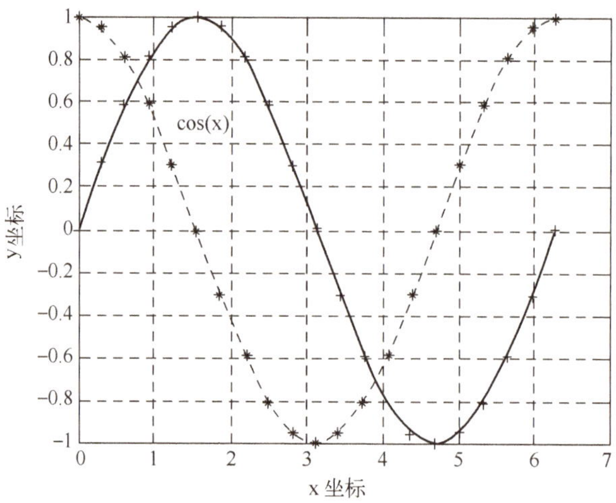

图 3-27 同一坐标内的正弦曲线和余弦曲线

【例 3-25】 绘制单位圆，如图 3-28 所示。

```
clear
clc
t=0:0.1:2*pi;
x=sin(t);
y=cos(t);
subplot(1,2,1)
plot(x,y)
grid on
title('坐标轴比例未调整')
subplot(122)
plot(x,y)
grid on
axis square
title('正方形图形')
```

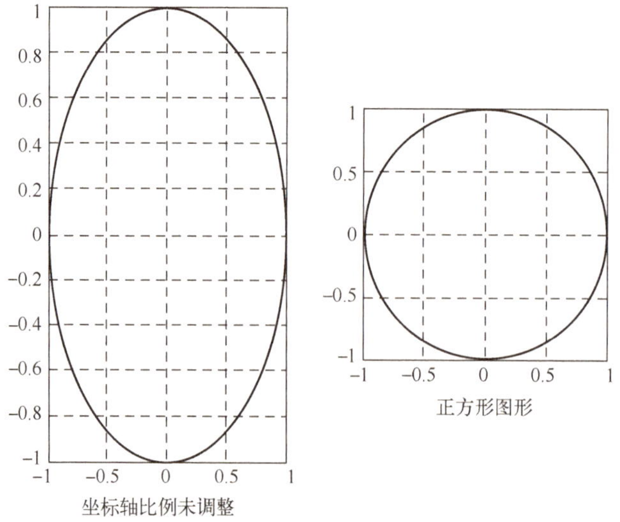

图 3-28 单位圆

【例 3-26】　使用极坐标函数绘制 $\rho=8\sin(10\theta/3)$ 的曲线，如图 3-29 所示。

```
clear
clc
theta=0:pi/50:2*pi;
rho=8*sin(10*theta/3);
polar(theta,rho)
```

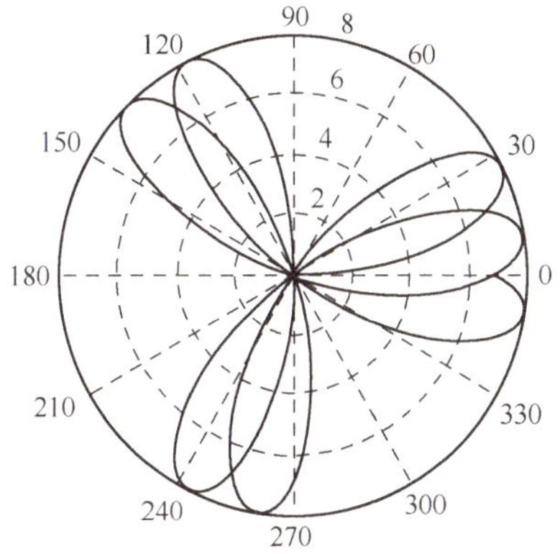

图 3-29　极坐标曲线

【例 3-27】　某商场的计算机销量如表 3-10 所示，计算机销量情况的 4 种直方图，如图 3-30 所示。

表 3-10　计算机销量一览表　（单位：台）

品牌	四月	六月	八月
联想	18	24	15
TCL	5	12	6
同方	28	36	30
实达	17	14	9

```
clear
clc
y=[18,5,28,17;24,12,36,14;15,6,30,9];
subplot(221);bar(y)                %默认横坐标的直方图
x=[4,6,8];
subplot(222);bar3(x,y)             %三维直方图
subplot(223);bar(x,y,'grouped')
subplot(224);bar(x,y,'stack')
```

【例 3-28】　绘制方程 $\begin{cases}x=t\\y=\sin(t)\\z=\cos(t)\end{cases}$ 在 $t\in[0,\ 2\pi]$ 区间的三维曲线，如图 3-31 所示。

```
clear
clc
t=0:pi/10:2*pi;
x=t;
y=sin(t);
```

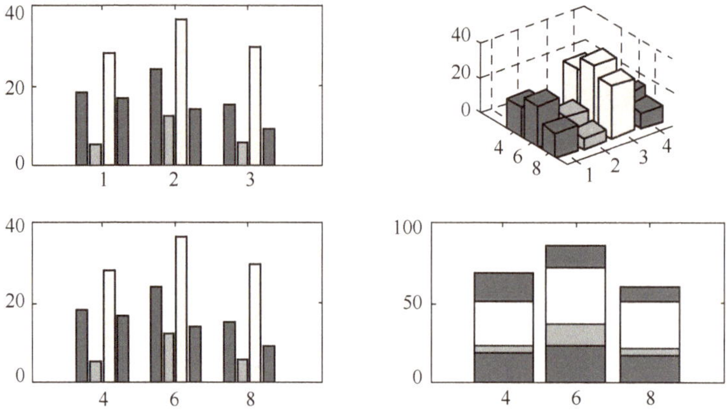

图 3-30 计算机销量情况的 4 种直方图

```
z=cos(t);
plot3(y,z,x,'m:p')                %画三维曲线并修饰
grid on                           %添加网格
```

【例 3-29】 绘制函数 $z=xe^{(-x^2-y^2)}$ 的立体图形，如图 3-32 所示。

```
clear
clc
x1=-2:0.2:2;
y1=x1;
[x,y]=meshgrid(x1,y1);            %生成二维网格数据
z=x.*exp(-x.^2-y.^2);
mesh(x,y,z)
```

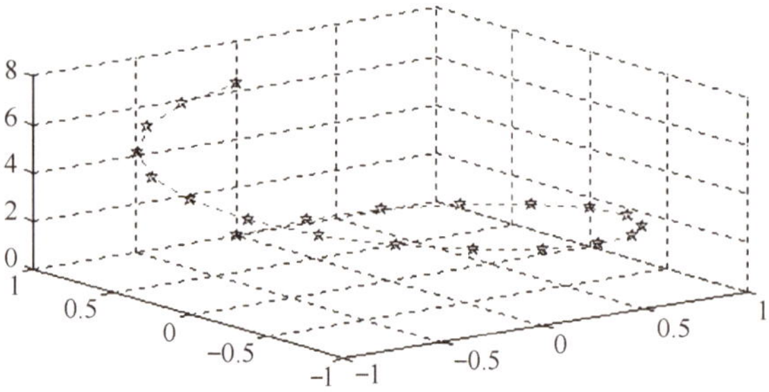

图 3-31 三维曲线图

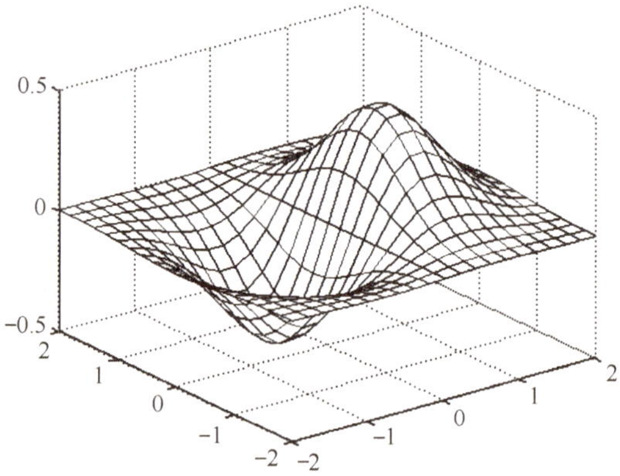

图 3-32 三维曲面图

【例 3-30】 绘制方程 $Z=\sqrt{4-\frac{x^2}{9}-\frac{y^2}{4}}$ 在 $x\in[-2,\ 2]$，$y\in[-1,\ 1]$ 区间的图形，如图 3-33 所示。

```
clear
clc
x=-2:0.4:2;
```

```
y=-1:0.2:1;
[x,y]=meshgrid(x,y);          %生成二维数据
z=sqrt(4-x.^2/9-y.^2/4);
surf(x,y,z)
grid on
```

图3-33
椭圆形着色
表面图

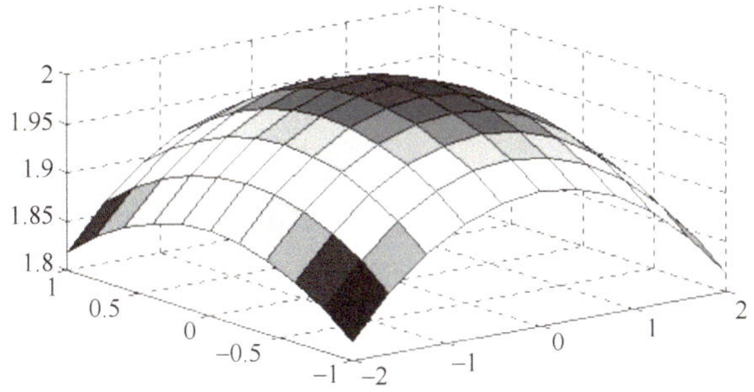

图 3-33　椭圆形着色表面图

3.5.2　自己练

1. 把当前窗口分成 4 个区域，用不同的颜色和线条分别绘制 sin(x)、cos(x)、e^x、log(x) 的函数图形，并加入文字标识和网格。

2. 画出函数 $y=x^2$ 的曲线，并在相同区间添加函数 $y=\sqrt[3]{x}$ 曲线，要求用不同的修饰方式。

3. 绘图表示 5×5 魔方矩阵的元素分布情况。

4. 在极坐标中绘制函数 $\rho=\cos(\theta)\sin(\theta)$，$\theta\in[0,\ 2\pi]$ 区间的曲线图。

5. 某班计算机考试成绩，90 分以上的同学 8 人，80 分以上至 90 分的同学 25 人，70 分以上至 80 分的同学 15 人，60 分以上至 70 分的同学 12 人，60 分以下的同学 9 人，画出饼图并突出显示不及格的人数。

6. 用梯形图绘制 $y=e^{-x^2}$，在 $x\in[-3,\ 3]$ 区间的图形。

7. 用概率分布图绘制 1000 个均匀分布随机矩阵的图形。

8. 绘制方程 $f=\sqrt{5-\frac{x^3}{3}-\frac{y^2}{7}}$ 在 $x\in[-2,\ 2]$，$y\in[-1,\ 1]$ 区间的图形。

3.6　陈景润——哥德巴赫猜想第一人

陈景润（1933—1996），中国近现代数学的璀璨明星，以其对数学的深刻洞察和对国家的无限忠诚，为科学界和祖国赢得了极高的荣誉。

陈景润的主要研究领域是解析数论，他在这一领域的成就尤为突出。1973 年，他发表了关于哥德巴赫猜想（1+2）的详细证明，这一成果被国际数学界誉为“陈氏定理”，他成为“哥德巴赫猜想第一人”。陈景润在圆内整点问题、华林问题、三维除数及三素数定理中的常数估计等研究中，都取得了显著的进展，改进了中外数学家的结果，为解析数论的发展做出了巨大贡献。

陈景润即使在疾病缠身的情况下依然坚持工作，展现了科学家的坚韧精神。在住院治疗期间，他拒绝让医生在右手扎针，因为他需要用右手继续书写数学公式。即使在生命的最后

阶段，已无法握笔和清晰发声，但他依然用手势和含糊的语言与学生探讨数学问题，这种对数学的执着和热爱令人敬佩。

陈景润不仅是一位数学奇才，更是一位具有高尚品德的人。他的生活简朴，追求纯粹，致力于科学事业，为人民做出了巨大的贡献。他的业绩将永远铭记在数学史上。

3.7 习题

1. 选择合适的步长绘制出下列函数的图形。

（1）$\ln\frac{1-x}{1+x}$，$x\in(-1,1)$　　（2）$\sqrt{\cos(x)}$，$x\in\left[-\frac{\pi}{2},\frac{\pi}{2}\right]$

（3）$\sin\left(\frac{1}{t}\right)$，$t\in(-1,0)\cup(0,1)$

（4）$\frac{\sin(x)}{x}$，$x\in(-0.5,0)\cup(0,0.5)$

2. 在同一坐标下绘制函数 x，x^2，$-x^2$，$x\sin(x)$ 在 $x\in(0,\pi)$ 的曲线。

3. 绘制如下函数的图形 $y=\begin{cases}x, & x\in(-10,1)\\ x^2, & x\in[1,4]\\ 2^x, & x\in(4,10)\end{cases}$

4. 在极坐标中绘制下列函数的曲线。

（1）$\cos^3(t)-1$　　（2）$\cos(t)\sin(t)$　　（3）$2t^2+1$

5. 绘制极坐标曲线 $\rho=a\sin(b+n\theta)$，并分析参数 a，b，n 对曲线形状的影响。

6. 分别用 plot 和 fplot 函数绘制 $y=\sin\frac{1}{x}$，$x\neq0$ 的曲线，并分析两条曲线的差别。

7. 绘制下列函数的带底座的三维图形和带等高线的三维图形。

（1）$f(x,y)=\frac{x^2}{a^2}+\frac{y^2}{b^2}$　　（2）$f(x,y)=xy$　　（3）$f(x,y)=\sin(xy)$

8. 绘制二维正态分布密度函数 $f(x,y)=\frac{1}{2\pi}e^{-\frac{1}{2}(x^2+y^2)}$ 的三维图形。

9. 用不同的线型和颜色在同一坐标内绘制曲线 $y_1=2e^{-0.5x}$、$y_2=\sin(2\pi x)$ 的图形。

10. 绘制方程 $f=\frac{y}{1+x^2+y^2}$ 在 $x\in[-2,2]$，$y\in[-1,1]$ 区间的图形。

第4章 MATLAB符号计算

本章要点

- 符号计算的基本函数
- 符号微积分
- 符号方程求解

4.1 符号函数的计算

4.1.1 符号变量和符号矩阵

MATLAB 符号数学工具箱提供了 sym 和 syms 两个符号函数，分别用来创建符号变量和符号矩阵。其调用格式为：

符号变量名=sym('表达式')

说明：创建一个符号变量。表达式可以是变量、字符、字符串、数学表达式或字符表达式等。

syms 变量名1 变量名2 变量名3 …

说明：一次创建多个符号变量。

【例 4-1】 创建符号变量。

```
>> clear
>> a=sym('matlab')
a =
    matlab
>> b=sym('x')
b =
    x
>> e=[1 3 5;2 4 6;7 9 11];          %创建数值矩阵
>> m=sym(e)                         %创建符号矩阵
m =
    [1,3,5]
    [2,4,6]
    [7,9,11]
```

【例 4-2】　创建符号变量和符号矩阵。

```
>> clear
```

```
>> syms A B C
>> syms a b c d
>> n=[a b c d;b c d a;c d a b;d a c b]
n =
    [a,b,c,d]
    [b,c,d,a]
    [c,d,a,b]
    [d,a,c,b]
```

在命令行窗口中，数值矩阵只显示元素的数值，而符号矩阵的每行元素放在一对方括号内；在工作空间窗口显示的变量图标方面，两者也不同，数值矩阵的图标为 ，符号矩阵（也称为符号对象）的图标为 ，二者很容易区分。

4.1.2　常用函数

符号运算与普通数值运算的方式不同，符号运算结果是符号表达式或符号矩阵。在 MATLAB 运算中，浮点运算速度最快，而符号运算虽占用时间和内存都比较多，但运算结果最精确。在默认情况下，当生成符号变量后，利用符号工具箱中提供的函数进行符号运算。

1. 算术运算

符号表达式的算术运算可直接通过算术运算符运算。

【例 4-3】　计算表达式 x^3-1 与表达式 $x-1$ 的和、差、积、商和乘方。

```
>> clear
>> syms x
>> s1=x^3-1;
>> s2=x-1;
>> s1+s2
  ans =
        x^3+x-2
  >>s1-s2
    ans =
        x^3-x
  >>s1 * s2
    ans =
        (x^3-1) * (x-1)
  >> s1/s2
    ans =
        (x^3-1)/(x-1)
  >> s1^s2
    ans =
        (x^3-1)^(x-1)
```

2. 常用函数

符号数学工具箱提供了符号表达式的因式分解、展开、合并、化简和通分等函数，常用函数如表 4-1 所示。

表 4-1　常用函数

函数格式	说　明	函数格式	说　明
collect(s,x)	合并自变量 x 的同幂系数	simple(s)	寻找表达式的最简型
expand(s)	符号表达式 s 的展开	simplify(s)	符号表达式的化简
factor(s)	因式分解	radsimp(s)	对含根式的表达式 s 化简
numden(s)	符号表达式 s 的分式通分	horner(s)	符号表达式 s 的嵌套形式

【例 4-4】　对表达式 $f=x^3-1$ 进行因式分解。

```
>> clear
>> syms x                    %创建符号变量 x
>> f=factor(x^3-1)
f =
[x - 1,x^2+x+1]
```

【例 4-5】　展开三角表达式 sin(a+b)。

```
>> clear
>> syms a b                  %创建符号变量 a,b
>>s= sin(a+b);
>> expand(s)
ans =
    cos(a)*sin(b)+cos(b)*sin(a)
```

【例 4-6】　对表达式 $f=x[x(x-8)+6]t$，分别将自变量 x 和 t 的同类项合并。

```
>> clear
>> syms x t                  %创建符号变量 x,t
>> f=x*(x*(x-8)+6)*t;
>> collect(f)                %按默认的变量 x 合并
ans =
      t*x^3-8*t*x^2+6*t*x
>> collect (f, t)            %按变量 t 合并
ans =
      x* (x* (x-8) +6) *t
```

【例 4-7】　化简表达式 $f=\sin^2(x)+\cos^2(x)$。

```
>> clear
>> syms x
>> f=sin(x)^2+cos(x)^2;
>> simplify(f)
ans =
      1
```

【例 4-8】　化简分式 $(4x^2+8x+3)/(2x+1)$。

```
>> clear
>> syms x
>> s=(4*x^2+8*x+3)/(2*x+1);
>> simplify(s)
ans =
      2*x+3
```

【例 4-9】　对表达式 $f=\frac{x}{y}-\frac{y}{x}$ 通分。

```
>> clear
>> syms x y
>> f=x/y-y/x;
>> [m,n]=numden(f)                %m 为分子,n 为分母
 m =
       x^2-y^2
 n =
       y * x
```

【例 4-10】　对表达式 $f=x^4+3x^3-7x^2+12$ 进行嵌套形式重写。

```
>> clear
>> syms x
>> f=x^4+3 * x^3-7 * x^2+12;
>> horner(f)
ans =
       x^2 * (x * (x+3) - 7)+12
```

4.1.3　可视化符号函数计算器

4.1.3
可视化符号
函数计算器

MATLAB 符号数学工具箱中还提供了一个可视化符号函数计算器，具有功能简单实用、操作方便的优点，其可视化界面为用户提供了直观的函数计算工具。在 MATLAB 的命令窗口输入 funtool，即可启动可视化符号函数计算器，其界面如图 4-1 所示。

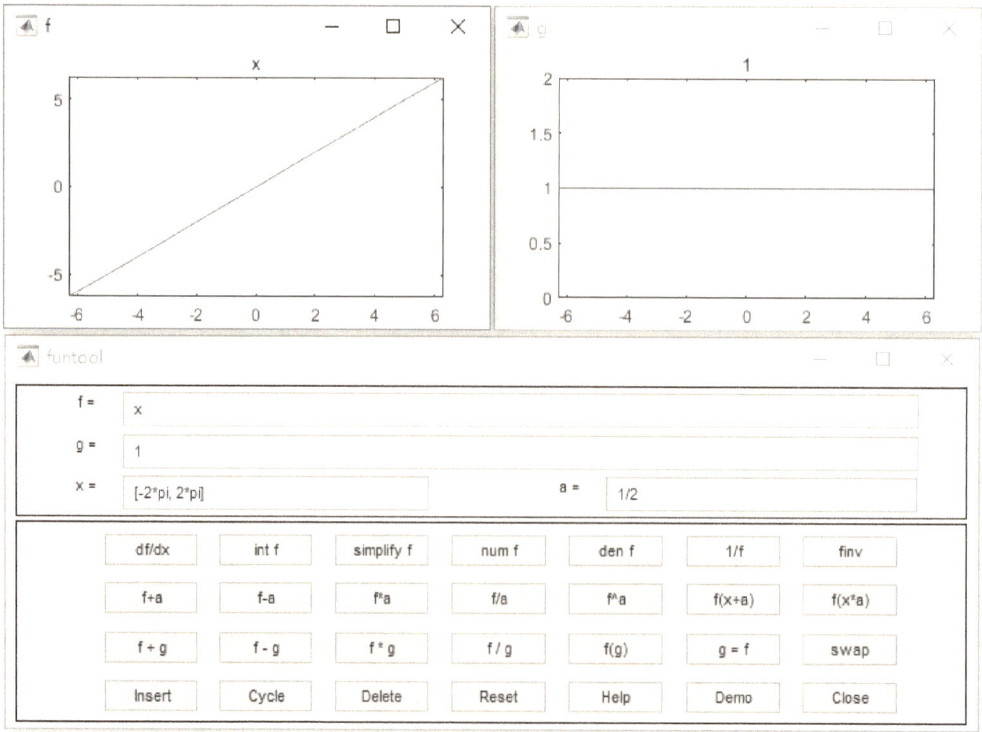

图 4-1　可视化符号函数计算器

可视化符号函数计算器由 3 个独立的窗口组成，分别为两个图形窗口和一个函数功能的控制窗口。左上图形窗口是函数 f 的显示窗口，右上图形窗口是函数 g 的显示窗口。下面介绍可视化符号计算器的使用。

（1）输入框

在控制窗口的上方有 4 个输入框，用户可以在输入框中输入函数，4 个输入框分别为：

- "f=" 为图形窗口 f 的控制函数，其默认值为 x。
- "g=" 为图形窗口 g 的控制函数，其默认值为 1。
- "x=" 为两窗口函数自变量取值范围，默认为 [-2π，2π]。
- "a=" 为常数的值，其默认值为 1/2。

（2）计算器的功能

1）函数的自运算。

函数功能控制窗口的第一排按钮为函数的自运算，如表 4-2 所示。

表 4-2 函数的自运算

函 数	功 能	函 数	功 能
df/dx	计算函数 f 对 x 的导数，并赋给 f	den f	取表达式 f 的分母，并赋给 f
int f	计算函数 f 的积分函数，并赋给 f	1/f	求 f 的倒数函数，并赋给 f
simplify f	计算函数 f 的最简表达式，并赋给 f	finv	求 f 的反函数，并赋给 f
num f	取表达式 f 的分子，并赋给 f		

2）函数与常数的运算。

函数功能控制窗口的第二排按钮为函数与常数之间的运算，如表 4-3 所示。

表 4-3 函数与常数之间的运算

函 数	功 能	函 数	功 能
f+a	计算 f(x)+a，并赋给 f	f^a	计算 f(x)的 a 次幂，并赋给 f
f-a	计算 f(x)-a，并赋给 f	f(x+a)	计算 f(x+a)，并赋给 f
f * a	计算 f(x) * a，并赋给 f	f(x * a)	计算 f(a * x)，并赋给 f
f/a	计算 f(x)/a，并赋给 f		

3）两函数之间的运算。

函数功能控制窗口的第三排按钮为两函数（f 与 g）之间的运算，如表 4-4 所示。

表 4-4 两函数（f 与 g）之间的运算

运 算	功 能	运 算	功 能
f+g	计算两函数之和，并赋给 f	f(g)	求复合函数 f(g(x))
f-g	计算两函数之差，并赋给 f	g=f	将 f 的函数值赋给 g
f * g	计算两函数之积，并赋给 f	swap	交换 f 与 g 的函数表达式
f/g	计算两函数之比，并赋给 f		

4）函数计算器的系统操作。

函数功能控制窗口的第四排按钮为函数计算器的系统操作，这些按钮用于对函数计算器的参数进行设定，如表 4-5 所示。

表 4-5 函数计算器的系统操作

操 作	功 能	操 作	功 能
Insert	将当前窗口 1 中的函数加到计算器的典型函数表中	Help	符号函数计算器的在线帮助
Cycle	在窗口 1 依次演示计算器典型函数表中的函数	Demo	符号函数计算器功能演示(演示中相应功能按钮变白)
Delete	从计算器的典型函数表中删除当前窗口 1 中的函数	Close	关闭符号函数计算器
Reset	符号函数计算器的功能重置		

4.2 符号微积分

4.2.1 符号极限

极限是微积分的基础，在 MATLAB 中，极限的求解是由 limit 函数实现的，符号极限的函数格式如表 4-6 所示。

表 4-6 符号极限的函数格式

函 数 格 式	说 明
limit(s)	s 为符号表达式。在系统默认表达式中的自变量趋向于 0 时的极限
limit(s,a)	a 为常数。计算符号表达式 s 中由默认自变量趋向于 a 条件下的极限
limit(s,x,a)	计算符号表达式 s 在 x 趋向于 a 条件下的极限
limit(s,x,a,'right')	计算符号表达式 s 在 x 趋向于 a 条件下的右极限
limit(s,x,a,'left')	计算符号表达式 s 在 x 趋向于 a 条件下的左极限

【例 4-11】 分别计算表达式 $\lim\limits_{x\to 0_+}\dfrac{1}{x}$、$\lim\limits_{x\to 0_-}\dfrac{1}{x}$、$\lim\limits_{x\to 0}\dfrac{\sin(x)}{x}$、$\lim\limits_{x\to\infty\_}\left(1+\dfrac{1}{x}\right)^x$ 和 $\lim\limits_{x\to 0\_}e^{-x}$。

先在命令行窗口创建符号变量 a 和 x，再分别计算上面各表达式的极限。

```
>>clear
>> syms x a;
>> limit(1/x,x,0,'right')
ans =
        inf
>> limit(1/x,x,0,'left' )
ans =
        -inf
>> limit (sin(x)/x)
ans =
        1
>> limit((1+1/x)^x,x,inf,'left')
ans =
        exp(1)
```

```
>> limit(exp(-x),x,0,'left')
ans =
        1
```

4.2.2 符号求导

在符号数学工具箱中，表达式的导数由函数 diff 实现。其调用格式为：

diff(s,x,n)

说明：其中 s 为符号表达式，x 为自变量，n 为求导的阶数。

x 和 n 都可默认。默认 x 时，自变量为系统默认；默认 n 时，求一阶导数。若表达式中只有一个变量，该变量就是系统默认的自变量；若表达式中有多个变量，就选择在字母顺序表中最接近 x 的字母作为自变量。

【例 4-12】 分别计算表达式 x^5 的一阶导数和三阶导数。

```
>> clear
>> syms x
>> diff(x^5)
ans =
        5*x^4
>> diff(x^5,3)
ans =
        60*x^2
```

4.2.3 符号积分

积分算法是较复杂的运算，虽然许多函数的原函数存在，但它们不能用解析表达式表示，即使是可以积分的函数，其求解积分的过程也很复杂，但利用 MATLAB 求解积分就非常容易了。在 MATLAB 的符号数学工具箱中，积分由函数 int 实现，该函数可求不定积分和定积分，符号积分的函数格式如表 4-7 所示。

表 4-7 符号积分的函数格式

函数格式	说明	函数格式	说明
int(s)	符号表达式 s 对于默认自变量的不定积分	int(s,x)	符号表达式 s 对于自变量 x 的不定积分
int(s,a,b)	符号表达式 s 对于默认自变量从 a 到 b 的定积分	int(s,x,a,b)	符号表达式 s 对于自变量 x 从 a 到 b 的定积分

【例 4-13】 分别计算下列表达式的积分。

(1) $\int (4-3x^2)^2 dx$ (2) $\int \frac{x}{x+y} dx$ (3) $\int \frac{x}{x+y} dy$ (4) $\int_1^3 \frac{x^2}{x+2} dx$

在命令窗口创建符号变量 x 和 y，分别计算上面各表达式的积分。

```
>> clear
>> syms x y
>> s=(4-3*x^2)^2;
>> int(s)
ans =
        (x*(9*x^4-40*x^2+80))/5
>> int(x/(x+y),x)
```

```
ans =
        x-y * log(x+y)
>> int(x/(x+y),y)
ans =
        x * log(x+y)
>> int(x^2/(x+2),x,1,3)
ans =
        log(625/81)
>> double(ans)          %将表达式转换成数值
ans =
        2.0433
```

4.3 符号方程求解

4.3.1 代数方程

代数方程是指未涉及微积分运算的方程，相对比较简单。在 MATLAB 符号数学工具箱中，求解用符号表达式表示的代数方程可由函数 solve 实现，符号方程的函数如表 4-8 所示。

表 4-8 符号方程的函数

函数格式	说明
solve(s)	求解符号表达式 s=0 的代数方程，自变量为默认自变量
solve(s,x)	求解符号表达式 s=0 的代数方程，自变量为 x
solve(s1,s2,…,sn,x1,x2,…,xn)	求解由符号表达式 s1,s2,…,sn 组成的代数方程组，自变量分别为 x1,x2,…,xn

【例 4-14】 求解代数方程 $ax^2+bx+c=0$。

在命令行窗口创建符号变量 a、b、c 和 x，求解代数方程。

```
>> clear
>> syms   a   b   c   x
>> s=a * x^2+b * x+c;
>> solve(s)
ans =
     -(b+(b^2-4 * a * c)^(1/2))/(2 * a)
     -(b-(b^2-4 * a * c)^(1/2))/(2 * a)
```

【例 4-15】 求解代数方程组 $\begin{cases}2x^2+y^2-3z=4\\y+z=3\\x-2y=3z\end{cases}$。

在命令行窗口创建符号变量 x、y、z，求解方程组。

```
>> clear
>> syms x y z
>> s1=2 * x^2+y^2-3 * z-4;
>> s2=y+z-3;
>> s3=x-2 * y-3 * z;
>> [x,y,z]=solve(s1,s2,s3)
x =
     7/2-(699^(1/2) * 1i)/6
```

```
        (699∧(1/2) * 1i)/6+7/2
y =
        (699∧(1/2) * 1i)/6+11/2
        11/2-(699∧(1/2) * 1i)/6
z =
        -(699∧(1/2) * 1i)/6-5/2
        (699∧(1/2) * 1i)/6-5/2
```

4.3.2 符号微分方程求解

在 MATLAB 中，用大写字母 D 来表示函数的导数。例如：Dy 表示 y'，D2y 表示 y''。D2y+Dy+x-10=0 表示微分方程 $y''+y'+x-10=0$。Dy（0）=3 表示 $y'(0)=3$。在符号数学工具箱中，求解表达式微分方程的符号解由函数 dsolve 实现，其调用格式为：

```
r=dsolve('eq','cond','var')
```

说明： 式中 eq 代表常微分方程，cond 代表常微分方程的边界条件或初始条件，var 代表自变量，缺省时取系统默认的自变量，该函数可求解微分方程的特解。

```
r=dsolve('eq1','eq2',…,'eqN','cond1','cond2',…,'condN','var1',…,'varN')
```

说明： 该函数求解由 eq1，eq2，…指定的常微分方程组在条件 cond1，cond2，…，condN 下的符号解，若不给出初始条件，则求方程组的通解。var1，…，varN 为求解变量，默认时则取系统默认的自变量。

【例 4-16】 求微分方程$\frac{dy}{dt}=\frac{t^2+y^2}{2t^2}$的通解。

在命令行窗口输入表达式，求解方程。

```
>> clear
>> y=dsolve('Dy-(t^2+y^2)/t^2/2','t')        %方程右端的零可以不写
y =
        t * (-log(t)+2+C1)/(-log(t)+C1)       %通解
```

【例 4-17】 求微分方程$\frac{dy}{dx}=2xy^2$ 的通解和当 $y(0)=1$ 时的特解。

在命令行窗口输入表达式，求解方程。

```
>> clear
>> y=dsolve('Dy=2 * x * y^2','x')              %求通解
y =
        -1/(x^2+C1)
>> y=dsolve('Dy=2 * x * y^2','y(0)=1','x')     %求特解
y =
        -1/(x^2-1)
```

【例 4-18】 求微分方程$\begin{cases}\frac{dx}{dt}=4x-2y\\ \frac{dy}{dt}=2x-y\end{cases}$的通解。

在命令行窗口输入表达式，求解方程。

```
>> clear
>> [x,y]=dsolve('Dx=4*x-2*y','Dy=2*x-y','t')
x =
    -1/3*C1+4/3*C1*exp(3*t)-2/3*C2*exp(3*t)+2/3*C2
y =
    2/3*C1*exp(3*t)-2/3*C1+4/3*C2-1/3*C2*exp(3*t)
```

4.4　级数

4.4.1　级数的符号求和

数值级数和函数级数是高等数学的重点研究内容，也是物理学以及其他工程技术学科的重要理论基础和分析工具。在 MATLAB 符号数学工具中，级数表达式的求和由函数 symsum 实现，级数求和函数格式及说明如表 4-9 所示。

表 4-9　级数求和函数格式及说明

函数格式	说　明	函数格式	说　明
symsum(s)	计算符号表达式 s(表示级数的通项)对于默认自变量的不定和	symsum(s,a,b)	计算符号表达式 s 对于默认自变量从 a 到 b 的有限和
symsum(s,x)	计算符号表达式 s 对于自变量 x 的不定和	symsum(s,x,a,b)	计算符号表达式 s 对于自变量 x 从 a 到 b 的有限和

【例 4-19】　分别计算表达式 $\sum k$、$\sum_{0}^{10}(k^2-3)$、$\sum_{k=1}^{\infty}\frac{x^k}{k}$。

在命令行窗口创建符号变量 k 和 x，分别计算上面各表达式。

```
>> clear
>> syms x k
>> symsum(k)
ans =
     k^2/2-k/2
>> symsum(k^2-3,0,10)
ans =
     352
>> symsum(x^k/k,k,1,inf)
ans =
     -log(1-x)
```

4.4.2　函数的泰勒级数

泰勒（Taylor）级数可以将一个函数表示为一个幂级数。在许多情况下，只需要取幂级数的前面有限几项来表示该函数，这对于大多数工程应用问题来说，精度已经足够。在 MATLAB 符号数学工具中，表达式的泰勒级数展开由函数 taylor 实现，泰勒级数函数格式及说明如表 4-10 所示。

表 4-10 泰勒级数函数格式及说明

函数格式	说明	函数格式	说明
taylor(s)	计算符号表达式 s 在默认自变量等于 0 处的 5 阶泰勒级数展开式	taylor(s,n,a)	计算符号表达式 s 在默认自变量等于 a 处的 n-1 阶泰勒级数展开式
taylor(s,n)	计算符号表达式 s 在默认自变量等于 0 处的 n-1 阶泰勒级数展开式	taylor(s,x,n,a)	计算符号表达式 s 在自变量 x 等于 a 处的 n-1 阶泰勒级数展开式

【例 4-20】 计算表达式$\frac{1-x+x^2}{1+x+x^2}$的 5 阶泰勒级数展开式。

在命令行窗口创建符号变量，计算上面表达式。

```
>> clear
>> syms x
>> s=(1-x+x^2)/(1+x+x^2);
>> taylor(s)
 ans =
        2*x^5-2*x^4+2*x^2-2*x+1
```

4.5 符号计算结果的绘图

将符号计算的结果绘制成图形有两个途径：一个是数值化绘图，即将获得的符号表达式或符号数值转换成数值数据，再利用数值绘图函数绘制成图形；另一个是直接绘图，即利用符号绘图函数直接绘图。数值绘图函数与符号绘图函数相比，对绘图对象的操控能力更强，但符号绘图函数绘图更简单方便。

4.5.1 数值化绘图

符号计算结果的数值化绘图需要先把符号计算结果数值化，再利用数值绘图函数绘制图形。

【例 4-21】 利用符号函数求函数 $f(x)=2-\frac{3}{1+e^x}$从 0 到变量 x 的积分，再绘制原函数及其积分函数的图形。

```
clear
clc
syms x
fx=2-3/(1+exp(x));                %函数的符号表达式
fxint=int(fx,x,0,x)               %积分并显示结果
xk=0:0.1:5;                       %指定绘图区间及采样间距
fxk=subs(fx,x,xk);                %获得原函数的数值数组
fxintk=subs(fxint,x,xk);          %获得积分函数的数值数组
plot(xk,fxk,'g',xk,fxintk,'r')    %分别使用绿色实线和红色虚线绘制
title('原函数及其积分函数')
xlabel('x')
legend('f(x)','\int^x_0 f(x) dx',0) %将图例自动放在最佳位置
```

程序运行结果如图 4-2 所示。

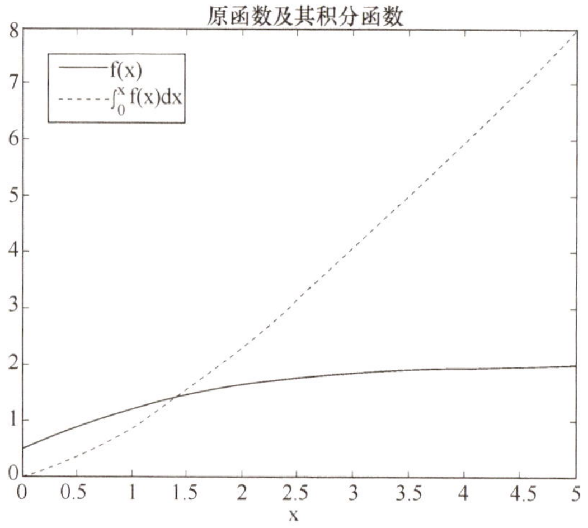

图 4-2　原函数及其积分函数

4.5.2　直接绘图

4.5.2
直接绘图

MATLAB 的符号绘图函数有个共同特点，就是函数名称都是以 f 开头的。常用的符号绘图函数如表 4-11 所示。

表 4-11　常用的符号绘图函数

函数名称	函数格式	说　明
fplot	fplot(Fx)	绘制表达式 f(x) 的二维图形，横轴坐标的取值范围为[-2π,2π]
	fplot(Fx,[xmin,xmax])	横轴坐标的取值范围为[xmin,xmax]
	fplot(Fx,[xmin,xmax,ymin,ymax])	横轴坐标的取值范围为[xmin,xmax]，纵轴坐标的取值范围为[ymin,ymax]
	fplot(xt,yt,[tmin,tmax])	绘制 x=x(t)，y=y(t) 的二维图形，自变量 t 的取值范围为[tmin,tmax]
fplot3	fplot3(x,y,z)	绘制由表达式 x=x(t)，y=y(t)，z=z(t) 定义的三维曲线，自变量 t 的取值范围均为[-2π,2π]
	fplot3(x,y,z,[tmin,tmax])	自变量 t 的范围为[tmin, tmax]
fsurf	fsurf(f)	绘制由表达式 f(x,y) 定义的表面图形，自变量 x,y 的取值范围均为[-2π,2π]
	fsurf(f,domain)	自变量 x,y 的取值范围由 domain 确定
	fsurf(x,y,z)	绘制由表达式 x=x(s,t)，y=y(s,t)，z=z(s,t) 定义的参数表面图，自变量 s 和 t 的取值范围均为[-2π,2π]
	fsurf(x,y,z,[smin,smax,tmin,tmax])	自变量 s 的取值范围为[smin, smax]，t 的取值范围为[tmin,tmax]
fmesh	fmesh(f)	绘制由表达式 f(x,y) 定义的网格图形，自变量 x,y 的取值范围均为[-2π,2π]
	fmesh(f,domain)	自变量 x,y 的取值范围由 domain 确定
	fmesh(x,y,z)	绘制由表达式 x=x(s,t)，y=y(s,t)，z=z(s,t) 定义的参数网格图，自变量 s 和 t 的取值范围均为[-2π,2π]
	fmesh(x,y,z,[smin,smax,tmin,tmax])	自变量 s 的取值范围为[smin, smax]，t 的取值范围为[tmin,tmax]
fcontour	fcontour(f)	绘制由表达式 f(x,y) 定义的等位线，自变量 x,y 的取值范围均为[-2π,2π]
	fcontour(f,domain)	自变量 x,y 的取值范围由 domain 确定

【例 4-22】　绘制函数 $x=\sin(3t)\ \cos(t), y=\sin(5t)\sin(t)$ 的图形，自变量 t 的取值范围为 $[0,\ 2\pi]$。

```
clear
clc
syms t;
fplot(sin(3*t)*cos(t),sin(5*t)*sin(t),[0,2*pi])
```

程序运行结果如图 4-3 所示。

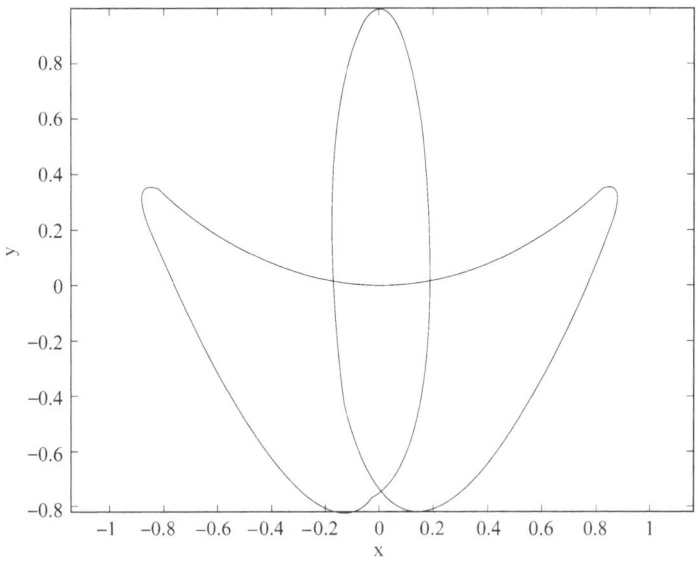

图 4-3　函数曲线

【例 4-23】　分别绘制函数 $f=\dfrac{y}{1+x^2+y^2}$ 的表面图、网格图和等位线。

```
clear
clc
syms x y;
subplot(131)
fsurf(y/(1+x^2+y^2),[-6,6,-2*pi,2*pi]);
title('表面图')
subplot(132)
fmesh(y/(1+x^2+y^2),[-6,6,-2*pi,2*pi]);
title('网格图')
subplot(133)
fcontour(y/(1+x^2+y^2),[-3,3]);
title('等位线')
```

程序运行结果如图 4-4 所示。

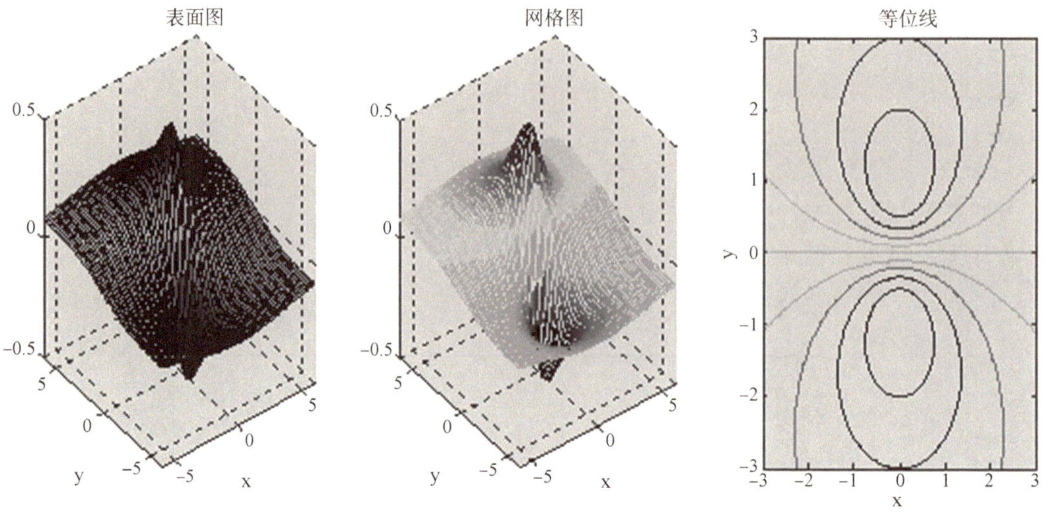

图 4-4 函数图形

4.6 实训 MATLAB 符号计算

4.6.1 跟我学

【例 4-24】 化简表达式 $f=\cos(2x)+2\sin^2(x)$。

```
>> clear
>> syms x
>> f=cos(2*x)+2*sin(x)^2;
>> simplify(f)
ans =
     1
```

【例 4-25】 求极限值：（1）$\lim\limits_{x\to 0}\dfrac{\sin(2x)}{\sin(5x)}$；　（2）$\lim\limits_{x\to\infty}\left(1+\dfrac{1}{x}\right)^{2x}$。

```
>> clear
>> syms x;
>> s1=sin(2*x)/sin(5*x);
>> limit(s1,x,0)
ans =
        2/5
>> s2=(1+1/x)^(2*x);
>> limit(s2,x,inf)
ans =
        exp(2)
```

【例 4-26】 分别计算表达式 $x\cos(x)$ 的一阶导数、二阶导数和三阶导数。

```
>> clear
>> syms x
>> s=x*cos(x);
```

```
>> diff(s)
ans =
        cos(x)-x*sin(x)
>> diff(s,2)
ans =
        -2*sin(x)-x*cos(x)
>> diff(s,3)
ans =
        x*sin(x)-3*cos(x)
```

【例 4-27】 分别计算表达式：(1) $\int \frac{x^4}{1+x^2}dx$；(2) $\int_0^2 (3x^2 - x + 1)dx$。

```
>> clear
>> syms x
>> s1=x^4/(1+x^2);
>> int(s1)
 ans =
        atan(x)-x+x^3/3
>> s2=3*x^2-x+1;
>> int(s2,0,2)
ans =
        8
```

【例 4-28】 求解代数方程组$\begin{cases}5x+6y+7z=16\\4x-5y+z=7\\x+y+2z=2\end{cases}$。

```
>> clear
>> syms x y z
>> s1=5*x+6*y+7*z-16;
>> s2=4*x-5*y+z-7;
>> s3=x+y+2*z-2;
>> [x,y,z]=solve(s1,s2,s3)
x =
    129/34
y =
    45/34
z =
    -53/34
```

【例 4-29】 求微分方程 $y'=e^{2x-y}$ 的通解和当 $y(0)=0$ 时的特解。

```
>> clear
>> syms x y
>> y=dsolve('Dy=exp(2*x-y)','x')
y =
    -log(-1/(C4-exp(2*x)))-log(2)
>> y=dsolve ('Dy=exp (2*x-y) ', 'y (0) =0', 'x')
y =
    -log(1/(exp(2*x)+1))-log(2)
```

【例 4-30】 求级数 $s=1+\frac{1}{4}+\frac{1}{9}+\frac{1}{16}+\cdots+\frac{1}{n^2}$。

```
>> clear
>> n=sym('n');
>> s=symsum(1/n^2,n,1,inf)
s =
    pi^2/6
```

【例 4-31】 求表达式$\sqrt{1-2x+x^3}-\sqrt[3]{1-3x+x^2}$的泰勒展开式，展开到含 x^5 的项。

```
>> clear
>> x=sym('x');
>> f=sqrt(1-2*x+x^3)-(1-3*x+x^2)^(1/3);
>> taylor(f)
ans =
      (239*x^5)/72+(119*x^4)/72+x^3+x^2/6
```

4.6.2 自己练

1. 计算表达式 $x+1$ 与表达式 x^2-3x+1 的和、差、积、商、乘方，并将所得结果展开、化简。
2. 对表达式$f=x^9-1$进行因式分解。
3. 展开表达式$f=\sin(x+y)$。
4. 化简表达式$f=\sqrt[3]{\frac{12}{x}+\frac{6}{x^2}+\frac{1}{x^3}+8}$。
5. 求极限 $\lim_{x\to 0}\left(\ln\frac{\sin(x)}{x}\right)$。
6. 求极限 $\lim_{x\to+\infty}\left(\sqrt{x^2+x}-\sqrt{x^2-x}\right)$。
7. 已知 $y=\tan^2\sqrt{x+\sqrt{x+\sqrt{2x}}}$，求 y'。
8. 求下列积分：

(1) $\int\frac{1}{x}\sqrt{\frac{x+1}{x-1}}\,dx$　　(2) $\int_0^{\pi/2}\sqrt{\sin(x)-\sin^3(x)}\,dx$

9. 求微分方程 $y''+4y'+4y=e^{-2x}$ 的通解。
10. 求表达式$f=\frac{1}{3+\cos(x)}$的 5 阶泰勒展开式。

4.7 苏步青——东方第一几何学家

苏步青（1902—2003），中国现代数学的杰出代表，以其在微分几何学领域的开创性贡献和对数学教育的深远影响，被誉为“东方第一几何学家”和“数学之王”。

苏步青的研究主要集中在微分几何学和计算几何学领域。他在仿射微分几何学和射影微分几何学方面的研究成果，为该领域的发展奠定了坚实的基础。此外，他在一般空间微分几何学、高维空间共轭理论、几何外形设计、计算机辅助几何设计等方面的突出成就，进一步推动了几何学的应用和发展。尤为值得一提的是，即便在70多岁高龄，苏步青仍然保持着对数学研究的热情，结合解决船体数学建模的实际课题，开创了计算几何的新研究方向。

苏步青坚持科研与教学相结合，注重教书育人，将毕生精力无私地奉献给了人民的教育事业。他的教育理念和实践，为祖国培养了一代又一代数学人才，对中国数学教育的发展产生了深远影响。苏步青的一生，是对数学的热爱、对教育的执着和对国家的贡献的完美诠释，他的精神和成就将永远激励着后来者，为推动中国数学和教育事业的发展继续努力。

4.8　习题

1. 对表达式 $f=\sqrt[3]{\frac{1}{x^3}+\frac{4}{x^2}+\frac{6}{x}+8}$ 进行化简。

2. 求下列表达式的极限：

(1) $\lim\limits_{x\to 0}\sqrt{x^2-2x+5}$　(2) $\lim\limits_{x\to 0}\frac{\sqrt{1+x^2}-1}{x}$

3. 已知 $y=\cos(x^2)\sin^2\frac{1}{x}$，求 y'。

4. 求下列表达式的积分：

(1) $\int 2xe^{x^2}dx$　(2) $\int x\sqrt{1-x^2}dx$　(3) $\int_0^3\frac{1}{3+2x}dx$

5. 求微分方程 $x^2y'+xy=y^2$，$y(1)=1$ 的特解。

6. 求下列级数前10项的有限和：

(1) $s=1-\frac{1}{2}+\frac{1}{3}-\frac{1}{4}+\cdots+(-1)^{n+1}\frac{1}{n}$

(2) $s=x+2x^2+3x^3+\cdots+nx^n$，$x=2$

(3) $s=1+4+9+16+\cdots+10000$

7. 已知表达式 $\sqrt[3]{2+x-3x^3}$，求 $x=0$ 处的5阶泰勒展开式。

8. 求解下列线性方程组：

(1) $\begin{cases}3x+4y-2z=12\\45x+5y+4z=23\\6x+2y-3z=4\end{cases}$　(2) $\begin{cases}x-4y+z=1\\6x+4y+14=2z\\y-13z+5=4x\end{cases}$

第5章 MATLAB数值计算

本章要点

- 数据的分析与统计
- 数值插值
- 曲线拟合
- 求解常微分方程

5.1 数据分析

由于 MATLAB 是面向矩阵运算的，让矩阵的每列代表不同的被测变量，相应的行代表被测向量的观测值，可以通过访问矩阵元素进行数据统计分析。

5.1.1 数据统计

MATLAB 提供的数据统计函数包括求数据矩阵各列的最大元素、最小元素、均值和中值等，如表 5-1 所示。

表 5-1 数据统计函数

函数名称	功能	函数名称	功能
max(x)	找 x 各列的最大元素	min(x)	找 x 各列的最小元素
mean(x)	求 x 各列的平均值	sum(x)	求 x 各列元素之和
median(x)	找 x 各列的中值元素	sort(x)	使 x 的各列元素按递增排序
prod(x)	求 x 各列元素之积		

说明：如果输入量 x 是向量，则不论是行向量还是列向量，计算是对整个向量进行的；如果输入量 x 是矩阵，则计算是按列进行的，即认为每个列是由一个变量的不同情况所得的数据集合。

想一想、做一做

如何实现矩阵元素的递减排序？

【例 5-1】 对矩阵 $A=\begin{pmatrix}4 & 8 & -9\\ 11 & -12 & 4\\ -8 & 0 & 5\\ 0.6 & 5 & 10\end{pmatrix}$，求各列的最大元素、中值和平均值。

```
>> clear
>> A=[4 8 -9;11 -12 4;-8 0 5;0.6 5 10]
>> maxA=max(A)
maxA =
      11      8      10
>> medA=median(A)
medA =
      2.3000    2.5000    4.5000
>> meanA=mean(A)
meanA =
      1.9000    0.2500    2.5000
```

如果想得到整个矩阵的统计结果，而不是针对每列的，可以对每列的统计结果再计算一次，或者使用嵌套。例如想得到矩阵 A 的最小元素可用：

```
minA=min(min(A))
```

5.1.2 离差和相关

离差描述样本中数据偏离其中心值的程度，主要有方差、标准差、极差和协方差。相关是表示两个矩阵线性联系密切程度的一个统计量，相关系数值是小于或等于 1 的正数。当值为 1 时，表示两个矩阵的线性联系最密切；当值为 0 时，表示两个矩阵的线性联系最弱。相关系数有自相关和互相关两种，离差函数和相关函数如表 5-2 所示。

表 5-2 离差函数和相关函数

函数名称	功 能	函数名称	功 能
var(x)	x 各列的方差	cov(x,y)	两个矩阵 x 和 y 的协方差
std(x)	x 各列的标准差	corrcoef(x)	x 的自相关阵
range(x)	x 各列的极差	corrcoef(x,y)	两个矩阵 x 和 y 的互相关系数,结果为方阵
cov(x)	x 的协方差	corr2(x,y)	两个矩阵 x 和 y 的相关系数

【例 5-2】 建立一个 3×4 的随机矩阵，求方差、标准差、极差、协方差和自相关阵。

```
>> clear
>> A=rand(3,4)                %建立随机矩阵
A =
     0.1389    0.6038    0.0153    0.9318
     0.2028    0.2722    0.7468    0.4660
     0.1987    0.1988    0.4451    0.4186
>> B=var(A)
B =
     0.0013    0.0466    0.1351    0.0804
>> C=std(A)
C =
     0.0358    0.2158    0.3676    0.2836
>> D=range(A)
D =
     0.0639    0.4050    0.7315    0.5132
```

```
>> E=cov(A)
E =
    0.0013   -0.0075    0.0123   -0.0100
   -0.0075    0.0466   -0.0658    0.0610
    0.0123   -0.0658    0.1351   -0.0912
   -0.0100    0.0610   -0.0912    0.0804
>> F=corrcoef(A)
F =
    1.0000   -0.9743    0.9337   -0.9902
   -0.9743    1.0000   -0.8289    0.9962
    0.9337   -0.8289    1.0000   -0.8745
   -0.9902    0.9962   -0.8745    1.0000
```

5.2 数值计算

5.2.1 多项式

多项式是一种基本的数值分析工具，也是一种极简单的函数，很多复杂的函数都可以用多项式逼近。一个 n 次多项式有 $n+1$ 个系数，在 MATLAB 中，用一个长度为 $n+1$ 的行向量表示一个 n 次多项式，其中多项式的各元素按降幂顺序排列，缺少的系数要补 0。

如果多项式表示为

$$P(x)=a_0x^n+a_1x^{n-1}+a_2x^{n-2}+\cdots+a_{n-1}x+a_n$$

则 MATLAB 表示的系数向量为 P=[a_0 a_1 a_2 ⋯ a_{n-1} a_n]。

如果知道多项式的根为 ar_1，ar_2，⋯，ar_n，则可以用多项式的根组成的向量来表示多项式为 ar=[ar_1 ar_2 ⋯ ar_n]。根向量与系数向量之间满足如下关系式 $(x-ar_1)(x-ar_2)\cdots(x-ar_n)=a_0x^n+a_1x^{n-1}+a_2x^{n-2}+\cdots+a_{n-1}x+a_n$。在 MATLAB 中，与多项式相关函数如表 5-3 所示。

表 5-3 多项式相关函数

名　称	函数格式	说　明
创建多项式	P=[a_0 a_1 a_2⋯a_{n-1} a_n]	P 为多项式(以下各函数中 P 均为多项式)，a_0 a_1 a_2⋯ a_{n-1} a_n 为按降幂顺序排列的多项式系数
	P=poly(A)	A 为向量。创建以向量 A 中元素为根的多项式
求根	roots(P)	求该多项式的根，以列向量的形式给出
求值	polyval(P,A)	当 A 为标量时，求多项式 P 在自变量 x=A 时的值；当 A 为向量时，求 x 分别等于 A 中每个元素时，多项式的值
	polyvalm(P,m)	m 为 n×n 阶方阵。求 x 分别等于 m 中每一个元素时，多项式的值(结果为 n×n 阶方阵)
多项式乘法	conv(P_1,P_2)	P_1 多项式与 P_2 多项式相乘
多项式除法	[q,r]=deconv (P_1,P_2)	P_1 多项式与 P_2 多项式相除。q 为商，r 为余数
多项式求导	p=polyder(P)	多项式 P 的导函数
	P=polyder(P_1,P_2)	P_1 多项式与 P_2 多项式乘积的导函数
	[q,r]=polyder(P_1,P_2)	P_1 多项式与 P_2 多项式相除后的导函数，导函数的分子放入 q，分母放入 r

【例 5-3】　在 MATLAB 中建立多项式 $f(x)=4x^3-3x^2+2x-5$，并求出 $f(x)=0$ 时的根及 $x=3$、$x=3.6$ 的值。

```
>> clear
>> P=[4,-3,2,-5];
>> x=roots(P)
x =
    1.2007
  -0.2253+0.9951i
  -0.2253 - 0.9951i
>> x=[3,3.6];
>> f=polyval(P,x)
f =
    82.0000    149.9440
```

创建多项式时，必须包括具有零系数的项，否则 MATLAB 无法知道哪一项为零。多项式的加、减运算就是其对应向量的加、减运算，若两个向量的长度不同，短的向量要补零，使两个向量等长。

【例 5-4】　已知多项式 $f(x)=x^4+2x^3-4x^2+3x-1$ 和 $g(x)=x^2+1$，求两个多项式的和、差、积、商及 $f(x)$ 的导数。

```
>> clear
>> f=[1,2,-4,3,-1];                %创建多项式
>> g=[1,0,1];
>> g1=[0,0,1,0,1];                 %短多项式补零
>> f+g1                            %多项式加法
ans =
     1     2    -3     3     0
>> f-g1                            %多项式减法
ans =
     1     2    -5     3    -2
>> conv(f,g)                       %多项式乘法
ans =
     1     2    -3     5    -5     3    -1
>> [q,r]=deconv(f,g)               %多项式除法
q =                                %商多项式
   1     2    -5
r =                                %余数多项式
   0     0     0     1     4
>> polyder(f)                      %多项式求导
ans =                              %导数多项式
     4     6    -8     3
```

5.2.2　插值与拟合

5.2.2 插值与拟合——插值

在实际应用中，人们得到的数据通常都是离散的。如果想得到这些离散点以外的其他数值点，就需要对这些已知数据点进行插值，来近似那些未知的点，这就是数值插值。与数值插值类似，曲线拟合就是用一个较简单的函数去逼近一个复杂的或未知的函数，所依据的条件也是在一个区间上有限采样点的函数值，用这些有限的点构造逼近函数。数学上，常常把最佳拟合解

释为数据点的误差平方和最小，如果所用的曲线限定为多项式就称为多项式的最小二乘曲线拟合。

插值和拟合都是根据已知数据来构造未知数据的，两种方法的最大区别在于，曲线拟合要找出一个曲线方程式，而插值只要求得到内插数值。

1. 数值插值

MATLAB 的数值插值函数如下：

（1）一维插值

```
Z1 = interp1(X,Y,X1,'参数')
```

说明： X 是向量，表示采样点；Y 是采样点上的样本值，与 X 等长；X_1 可以是向量或标量，表示欲插值的点；Z_1 是与 X_1 等长的插值结果。

（2）二维插值

```
Z1 = interp2(X,Y,Z,X1,Y1,'参数')
```

说明： X 是长度为 M 的向量、Y 是长度为 N 的向量，表示采样点；Z 是与采样点对应的样本值，长度为 $N\times M$；X_1、Y_1 是向量或标量，长度可以不等，表示欲插值的点；Z_1 是插值结果。二维插值是对双变量函数同时做插值。这在图像处理和数据可视化方面有很重要的应用。

两种插值方法都要求 X 必须以单调的升序或者降序排列。插值点的取值范围不能超过函数自变量的范围，否则，会给出 NaN（非数）的错误。线性插值函数主要参数如表 5-4 所示。

表 5-4 线性插值函数主要参数

参数名称	说明	特点
nearest	邻近点插值法。根据已知两点间的插值点与这两点之间的位置远近插值。当插值点距离前点近时，取前点的值，否则取后点的值	速度最快，但平滑性差
linear	线性插值法。把相邻的数据点用直线连接，按所生成的曲线进行插值，是默认的插值方法	占有的内存较邻近点插值方法多，运算时间也稍长，与邻近点插值不同，其结果是连续的，但在顶点处的斜率会改变
spline	3 次样条插值法。用已知数据求出样条函数后，按照样条函数插值	运算时间长，但内存的占有较立方插值方法要少，3 次样条插值的平滑性很好，但如果输入的数据不一致或数据点过近，可能出现很差的插值结果
cubic	立方插值法，也称 3 次多项式插值法。用已知数据构造出 3 次多项式插值	需要较多的内存和运算时间，平滑性很好
bicubic	双立方插值法。利用已知的数据点拟合一个双立方曲面，然后根据插值点的坐标插值，每个插值点的值由该点附近的 6 个点的坐标确定	二维插值函数独有。插值点处的值和该点值的导数都连续

【例 5-5】 用不同的插值方法计算 sin(x) 在 $x=\pi/4$ 时的值。

```
>> clear
>> X=0:0.1:pi/2;
>> Y=sin(X);
>> interp1(X,Y,pi/4)                    %使用默认方法(即线性插值)
```

```
ans =
        0.7067
>> interp1(X,Y,pi/4,'nearest')          %使用邻近点插值
ans =
        0.7174
>> interp1(X,Y,pi/4,'spline')           %使用 3 次样条插值
ans =
        0.7071
>> interp1(X,Y,pi/4,'cubic')            %使用 3 次方插值
ans =
        0.7071
```

2. 曲线拟合

5.2.2
插值与拟合——拟合

MATLAB 的曲线拟合函数如下：

```
[P,S]=polyfit(X,Y,N)
```

说明： X、Y 是两个等长的向量，X 是采样点，Y 是采样点函数值，N 是多项式的次数；P 是一个长度为 N+1 的向量，代表 N 次多项式；S 是采样点的误差向量。

该函数利用向量 X、Y 所确定的原始数据构造 N 阶多项式 P，使 P 与已知数据点间的函数值之差的平方和最小。当 N=1 时，多项式拟合就是线性拟合。

【例 5-6】 取函数 $y=-2x^2+0.5$ 在 $x\in[0,\ 1]$ 的 11 个数据点，加入一些偏差构成拟合的数据，用一个 2 次多项式拟合该函数，并绘图比较。

```
>> clear
>> x=0:0.1:1;
>> y=-2*x.^2+0.5                        %原函数的 11 个数据点
y =
  Columns 1 through 8
     0.5000    0.4800    0.4200    0.3200    0.1800    0    -0.2200    -0.4800
  Columns 9 through 11
    -0.7800    -1.1200    -1.5000
```

加入偏差构成拟合数据：

```
>> y1=[0.52 0.44 0.4 0.35 0.2 0.04 -0.2 -0.44 -0.8 -1.15 -1.65]
>> [p,s]=polyfit(x,y1,2)
p =
    -2.4091    0.3373    0.4664
s =
    R:[3x3 double]
    df:8
    normr:0.1016
>> plot(x,y,'o:',x,polyval(p,x),'r-')   %圆圈点连线是原函数,实线是拟合后的函数,
                                        %如图 5-1 所示
```

根据向量 p，得到拟合的多项式为：$y=-2.4091x^2+0.3373x+0.4664$。

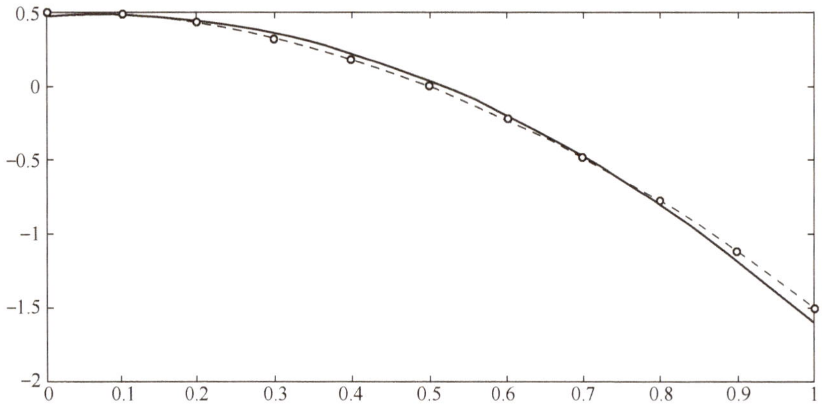

图 5-1 原函数和拟合后的函数曲线

5.2.3 函数的极值和零点

求函数在给定区间的极小值和零点是常见的运算，MATLAB 只提供了用于求极小值和零点的函数，计算函数的极值和零点的主要函数如表 5-5 所示。

表 5-5 计算函数的极值和零点的主要函数

函数名称	函数格式	说明
函数极小值	x=fminbnd('fun',a,b)	fun 为待求极值的单变量函数，a、b 为求极值的区间。x 为函数极值点，y 为极值点的函数值
	[x,y]=fminbnd('fun',a,b)	
函数零点	x=fzero('fun',a)	a 为零点附近的初始值，[a,b] 为求零点的区间，x 为函数零点，y 为零点的函数值。若没有零点，则返回 NaN（非数）
	x=fzero('fun',[a,b])	
	[x,y]=fzero('fun',a)	
	[x,y]=fzero('fun',[a,b])	

【例 5-7】 求函数 $f(x)=x^3-2x+1$ 在 $x\in[-1,\ 1]$ 的极小值和 $x=-1$ 附近的零点。

```
>> clear
>> [x,y]=fminbnd('x.^3-2.*x+1',-1,1)          %求极小值
x =
        0.8165
y =
       -0.0887
>> [x,y]=fzero('x.^3-2.*x+1',-1)
x =
       -1.6180
y =
        0
```

5.3 常微分方程的数值求解

5.3.1 常微分方程的解法

一阶常微分方程的初值问题的一般形式见式（5-1）。

$$\begin{cases} y'=f(x,y) \\ y(x_0)=y_0 \end{cases} \tag{5-1}$$

多数情况下，一阶常微分方程初值问题的解是存在且唯一的，但存在解，并不意味着可以用有限形式表示该解。事实上，在大多数情况下，一阶常微分方程初值问题的解是不能用有限形式表示的。从高等数学的知识可以知道，常微分方程的解是一个函数，既然不能找到解的解析表达式，就只能求解函数在指定点上的函数值，这就导致了对微分方程数值解的研究。

数值解法的基本思想：先取一系列离散的点 $x_0<x_1<x_3<\cdots<x_n<k$，通常取等步长 h，使 $x_n=x_0+nh$，再求每个点对应的 $y(x_n)$，用 $y(x_n)$ 近似（$n=1,2,\cdots$）的值。数值解法主要有欧拉法、线性多步法、预估校正法、龙格-库塔法等，其中以龙格-库塔法使用最多，这里只对该方法进行介绍。

在求解式（5-1）中的未知数 y 时，y 在 x_0 点的值 $y(x_0)=y_0$ 是已知的，根据高等数学中的中值定理，应有式（5-2）。

$$\begin{cases} y(x_0+h)=y_1\approx y_0+hf(x_0,y_0) \\ y(x_0+2h)=y_2\approx y_1+hf(x_1,y_1) \end{cases} \tag{5-2}$$

式中，$h>0$，称为步长。

将式（5-2）推广，在任意点 $x_i=x_0+ih$，得到式（5-3）。

$$y(x_0+ih)=y_i\approx y_{i-1}+hf(x_{i-1},y_{i-1}),\quad i=1,\ 2,\ \cdots,\ n \tag{5-3}$$

当 x_0，y_0 确定后，根据式（5-3）能计算出未知函数 y 在点 $x_i=x_0+ih$，$i=0$，1，…，n 的一系列数值解，得到式（5-4）。

$$y_i=y_0,\ y_1,\ y_2,\ \cdots,\ y_n,\quad i=0,\ 1,\ \cdots,\ n \tag{5-4}$$

显然，上述递推过程中有一个误差累计的问题，在实际计算过程中使用的递推公式都进行了改造，通常应用的龙格-库塔公式见式（5-5）。

$$y(x_0+ih)=y_i=y_{i-1}+\frac{1}{6}(k_1+2k_2+2k_3+k_4) \tag{5-5}$$

式中　$k_1=f(x_{i-1},y_{i-1})$；

$k_2=f\left(x_{i-1}+\frac{1}{2}h,y_{i-1}+\frac{1}{2}hk_1\right)$；

$k_3=f\left(x_{i-1}+\frac{1}{2}h,y_{i-1}+\frac{1}{2}hk_2\right)$；

$k_4=f(x_{i-1}+h,y_{i-1}+hk_3)$；

5.3.2　龙格-库塔法的实现

基于龙格-库塔法，MATLAB 提供了求常微分方程数值解的函数，其函数格式如下：

```
[X,Y]=ode23('f',[x0,xn],y0)
[X,Y]=ode45('f',[x0,xn],y0)
```

说明：X，Y 是两个向量。X 对应自变量在求解区间 $[x_0,\ x_n]$ 的一组采样点，其采样密度是自适应的，无须指定；Y 是与 X 对应的一组解。f 是一个 M 函数文件，代表待求解方程。$[x_0,\ x_n]$ 代表自变量的求解区间。$y_0=y(x_0)$，由方程的初值给定。函数在求解区间 $[x_0,\ x_n]$ 内，自动设定采样点向量 X，并求出解函数 y(x) 在采样点 X 处的样本值。

ode23 函数采用了二阶、三阶龙格-库塔法，ode45 函数采用了四阶、五阶龙格-库塔法，这两个函数都采用自适应变步长的求解方法，即：当解的变化较慢时采用较大的步长，从而提高了计算速度；当解的变化较快时步长会自动地变小，可以提高计算精确度。

【例 5-8】 求微分方程$\begin{cases}\dfrac{dy}{dx}=-3y+2x \\ y(0)=1\end{cases}$在［1,3］的数值解。

先建立一个该方程的函数文件，启动 MATLAB 文本编辑器，输入以下命令：

```
function f=f(x,y)
f=-3.*y+2.*x;                          %使用点运算
```

按默认文件名存盘后，在命令行窗口输入命令：

```
>> [X,Y]=ode45('f',[1,3],1);                 %采用四阶、五阶龙格-库塔法
>> X'                                        %转置后,显示自变量的一组采样点
ans =
  Columns 1 through 7
    1.0000    1.0500    1.1000    1.1500    1.2000    1.2500    1.3000
  Columns 8 through 14
    1.3500    1.4000    1.4500    1.5000    1.5500    1.6000    1.6500
  Columns 15 through 21
    1.7000    1.7500    1.8000    1.8500    1.9000    1.9500    2.0000
  Columns 22 through 28
    2.0500    2.1000    2.1500    2.2000    2.2500    2.3000    2.3500
  Columns 29 through 35
    2.4000    2.4500    2.5000    2.5500    2.6000    2.6500    2.7000
  Columns 36 through 41
    2.7500    2.8000    2.8500    2.9000    2.9500    3.0000
>> Y'                                     %转置后,显示与采样点对应的一组数值解
ans =
  Columns 1 through 7
    1.0000    0.9559    0.9226    0.8987    0.8827    0.8735    0.8703
  Columns 8 through 14
    0.8722    0.8785    0.8885    0.9017    0.9178    0.9363    0.9568
  Columns 15 through 21
    0.9791    1.0030    1.0282    1.0545    1.0818    1.1099    1.1388
  Columns 22 through 28
    1.1683    1.1983    1.2287    1.2596    1.2908    1.3224    1.3541
  Columns 29 through 35
    1.3861    1.4183    1.4506    1.4831    1.5157    1.5484    1.5812
  Columns 36 through 41
    1.6140    1.6470    1.6799    1.7130    1.7460    1.7792
```

5.4 交互式工具

5.4.1
随机数生成
工具

5.4.1 随机数生成工具

MATLAB 的 randtool 函数可以打开一个利用直方图显示随机数的 App 演示界面，用户可以改变随机数样本直方图上的参数和样本大小来得到不同的观测结果。在命令行窗口中输入“randtool”后按〈Enter〉键，打开的“随机数生成工具”窗口如图 5-2 所示。

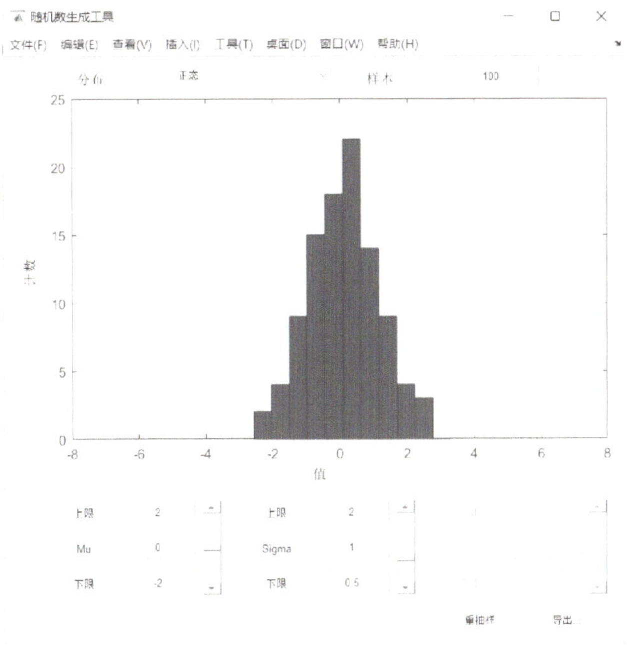

图 5-2 “随机数生成工具”窗口

图 5-2 中，在“分布”下拉列表框选择所需的分布函数类型名称（如正态分布、泊松分布等），在“样本”输入框中输入样本大小，图形下方主要是随机数的参数（如均值、标准差等，不同的分布类型参数不同），单击“重抽样”按钮可以从同一分布的总体中重复取样，单击“导出”按钮可以将当前设置的随机数据输出，并保存到工作空间。

5.4.2 概率分布观察工具

5.4.2 概率分布观察工具

MATLAB 的 disttool 函数可以打开概率分布 App 演示界面，并生成多种概率分布的交互式函数图形，用户可以通过改变分布函数类型和参数得到不同的观测结果。在命令行窗口中输入“disttool”后按〈Enter〉键，打开的“概率分布函数工具”窗口如图 5-3 所示。

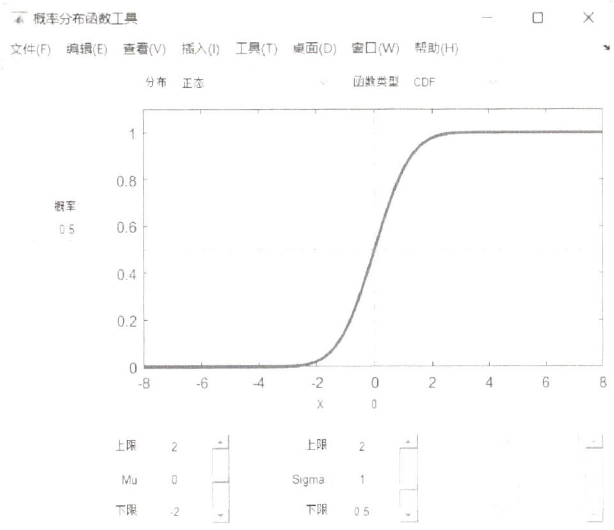

图 5-3 “概率分布函数工具”窗口

图 5-3 中，在“分布”下拉列表框选择所需的分布函数类型名称，在“函数类型”下拉列表框选择 CDF（累积分布函数）或 PDF（概率密度函数），图形下方是函数的特征参数输入框和数值调节滑动条。

5.4.3 交互式拟合工具

5.4.3 交互式拟合工具

MATLAB 的曲线拟合工具箱是一个专门用于数据拟合操作的工具箱，可以使用多种工具来拟合曲线。使用曲线拟合工具箱之前，需要提供一组供分析的数据，可以使用下列数据：

```
>> x=0:6;
>> y=[0,20,60,68,77,110,152];
```

建立完分析数据后，在命令行窗口输入“cftool”后按〈Enter〉键，即可打开“曲线拟合器”窗口，如图 5-4 所示。

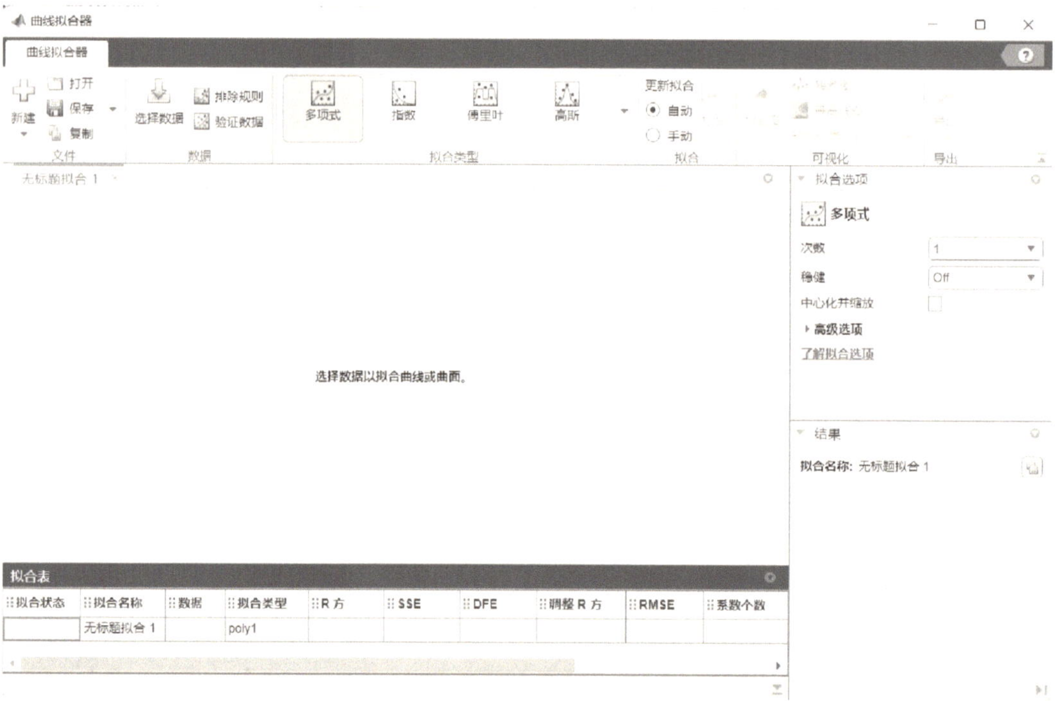

图 5-4 “曲线拟合器”窗口

单击图 5-4 中的“选择数据”按钮，弹出“选择拟合”对话框。在“X 数据”下拉列表框中选择自变量“x”，同样在“Y 数据”下拉列表框中选择因变量“y”。MATLAB 就会使用相应的数据绘图，并自动为数据集指定一个名字，也可以在“拟合名称”输入框中自行命名。

从图 5-4 中可见“拟合表”，其“拟合类型”下拉列表框中可以选择拟合算法。可以试用多种拟合算法，从而找出最佳拟合图形。例如选择“平滑样条”，观察“拟合图”窗口，如图 5-5 所示。

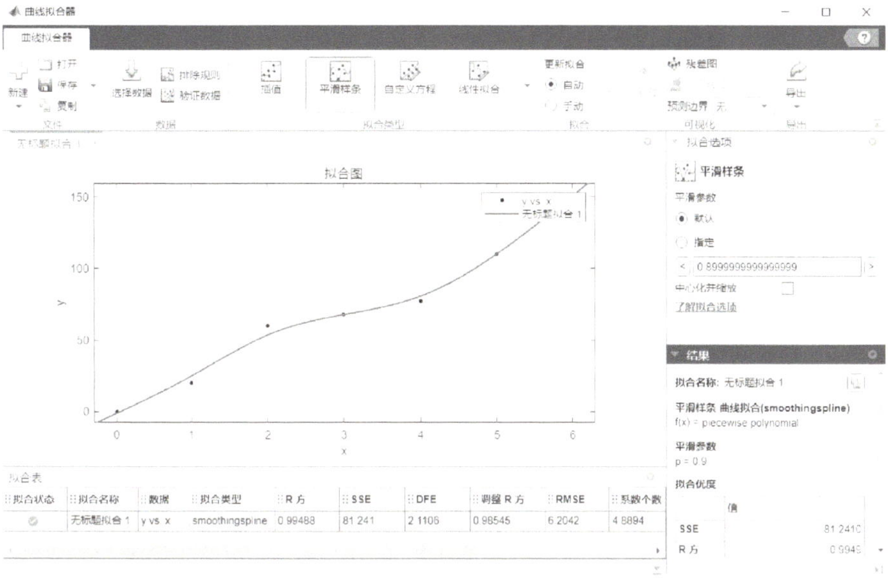

图 5-5 平滑样条的拟合图

5.4.4 图形窗口的拟合和统计工具

5.4.4 图形窗口的拟合和统计工具

MATLAB 的图形窗口中提供了简单方便的数据拟合和基本统计工具。数据拟合工具可以对所绘制的曲线使用多种方法进行拟合；基本统计工具可以提供最小值、最大值、平均值、中位值、标准差、数据范围等统计运算。

1. 数据拟合工具

使用数据拟合工具首先需要创建一幅图形，在命令行窗口输入以下程序：

```
>> x=0:5;
>> y=[0,17,50,63,74,102];
>> plot(x,y,'o')
>> axis([-1,7,-15,125])
```

在打开的图形窗口中，选择“工具”→“基本拟合”菜单，则打开“基本拟合”窗口，如图 5-6 所示。

图 5-6 “基本拟合”窗口

在图 5-6“拟合的类型”列表中选择拟合方法（可同时选多种），例如，要选择“线性”和“三次”拟合方法，则选中这两个复选框；单击打开“拟合结果”下拉框，选中“方程”复选框，可以在图形上显示拟合多项式；单击打开“误差估计（残差）”下拉框，再单击“绘图样式”输入框右侧下拉列表框，从中选择“条形图”，这时会绘制“残差”图形，该图形显示了每一个数据点与计算出来的拟合曲线之间的距离。拟合曲线和残差图如图 5-7 所示。

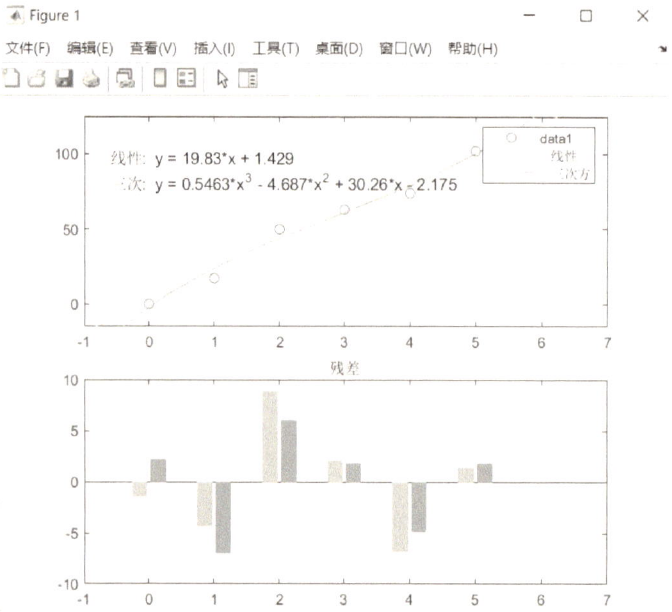

图 5-7　拟合曲线和残差图

2. 基本统计工具

MATLAB 的图形窗口中还提供了基本统计工具，可以对所绘制的曲线进行各种统计运算。和使用数据拟合工具相同，先要创建一幅图形（这里使用上文创建的图形），在打开的图形窗口中，选择“工具”→“数据统计信息”，则打开“数据统计信息”窗口，如图 5-8 所示。

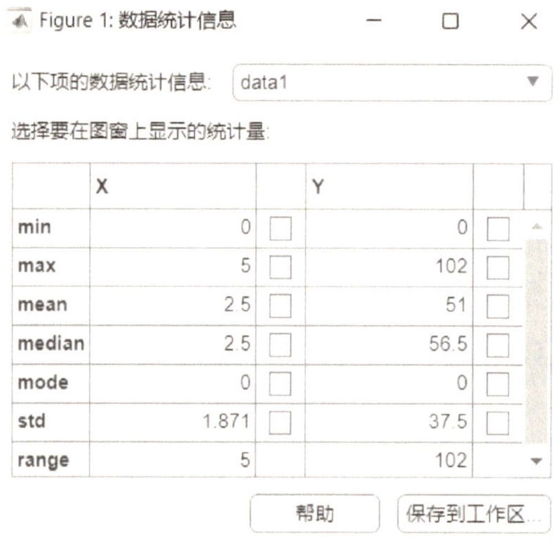

图 5-8　“数据统计信息”窗口

选中数据 X 和数值 Y 后面的复选框，会将对应的数值以虚线的形式反映在图形上；单击“保存到工作区…”按钮，会将统计数据以结构数组的形式保存到工作空间。

5.5 实训 MATLAB 数值计算

5.5.1 跟我学

【例 5-9】 创建一个 3×5 阶随机矩阵，求矩阵的最大元素、最小元素、方差和标准差。

```
>> A=rand(3,5)                              %创建 3×5 阶随机矩阵
A =
     0.9501     0.4860     0.4565     0.4447     0.9218
     0.2311     0.8913     0.0185     0.6154     0.7382
     0.6068     0.7621     0.8214     0.7919     0.1763
>> ma=max(max(A))                           %求矩阵的最大元素
ma =
     0.9501
>> na=min(min(A))                           %求矩阵的最小元素
na =
     0.0185
>> B=var(A)                                 %求方差
B =
     0.1293     0.0429     0.1616     0.0301     0.1509
>> C=std(A)                                 %求标准差
C =
     0.3596     0.2070     0.4020     0.1736     0.3884
```

【例 5-10】 在 MATLAB 中建立多项式 $f(x)=x^3+2x-5$，并求出 $f(x)=0$ 时的根以及与多项式 $f(x)=x^2-1$ 的乘积。

```
>> f=[1,0,2,-5];                            %创建多项式
>> g=[1,0,-1];
>> g1=[0,1,0,-1];                           %短多项式补零
>> x=roots(f)                               %多项式求根
x =
   -0.6641+1.8230i
   -0.6641 - 1.8230i
    1.3283
>> conv(f,g)                                %多项式相乘
ans =
     1     0     1    -5    -2     5
```

【例 5-11】 已知某函数以 0.5 为间距采样了 22 个数据点，采样数据如表 5-6 所示。

表 5-6 采样数据

x	0	0.5	1	1.5	2	2.5	3	3.5	4	4.5	5
y	0	0.456	0.761	0.859	0.745	0.466	0.105	-0.247	-0.507	-0.623	-0.582
x	5.5	6	6.5	7	7.5	8	8.5	9	9.5	10	10.5
y	-0.407	-0.153	0.112	0.326	0.443	0.445	0.341	0.168	-0.291	-0.200	-0.308

编写程序，用不同的插值方法绘制间距为 0.1 的函数曲线，如图 5-9 所示。

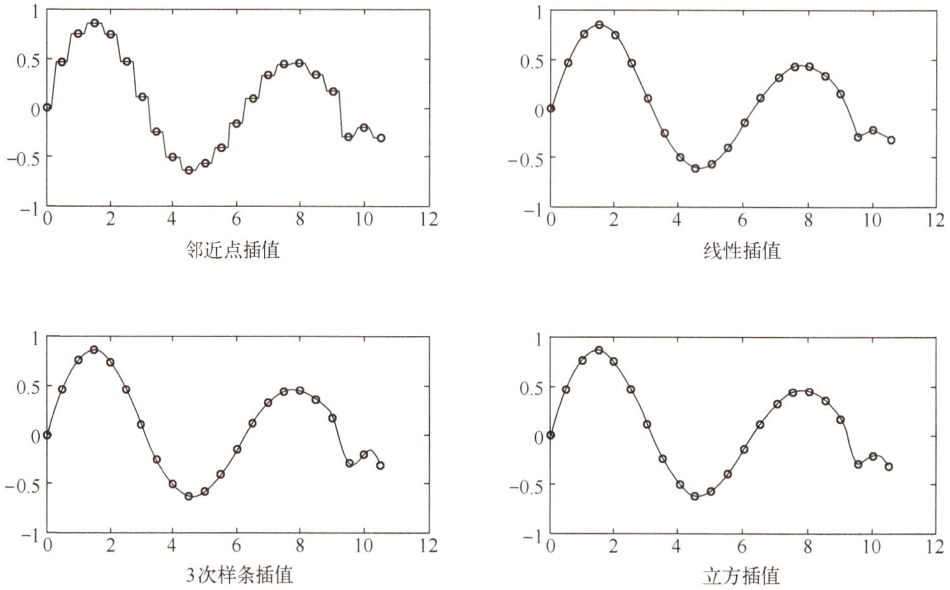

图 5-9　插值后的函数曲线

```
clear
x0=0:0.5:10.5;
y0=[0 0.456 0.761 0.859 0.745 0.466 0.105 -0.247 -0.507 -0.623 -0.582…
    -0.407 -0.153 0.112 0.326 0.443 0.445 0.341 0.168 -0.291 -0.200 -0.308];
x=0:0.1:10.5;
subplot(221)
y1=interp1(x0,y0,x,'nearest');          %邻近点插值
plot(x0,y0,'or',x,y1,'b')               %空心圆圈表示已知数据点
title('邻近点插值')
subplot(222)
y2=interp1(x0,y0,x,'linear');           %线性插值
plot(x0,y0,'or',x,y2,'b')
title('线性插值')
subplot(223)
y3=interp1(x0,y0,x,'spline');           %3 次样条插值
plot(x0,y0,'or',x,y3,'b')
title('3 次样条插值')
subplot(224)
y4=interp1(x0,y0,x,'cubic');            %立方插值
plot(x0,y0,'or',x,y4,'b')
title('立方插值')
```

【例 5-12】　分别用 2 次、4 次多项式在区间 $[0, 2\pi]$ 内拟合函数 $\cos(x)$，并与绘图比较拟合效果，原函数和拟合后的函数曲线如图 5-10 所示。

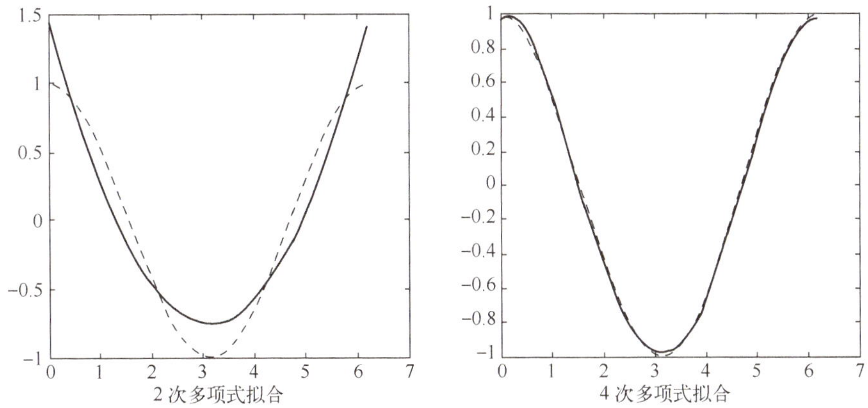

图 5-10　原函数和拟合后的函数曲线

```
>> clear
>> X=0:0.1:2*pi;
>> Y=cos(X);
>> subplot(121)
>> [p,s]=polyfit(X,Y,2)                    % 2 次多项式拟合
p =
     0.2299    -1.4381     1.4909
s =
     R:[3x3 double]
     df:60
     normr:1.5620
>> plot(X,Y,'k :',X,polyval(p,X),'r-')     %点连线是原函数,实线是拟合后的函数
>> title('2 次多项式拟合')
>> subplot(122)
>> [p,s]=polyfit(X,Y,4)                    % 4 次多项式拟合

p =
   -0.0261     0.3275    -1.0894     0.3861     0.9477
s =
     R:[5x5 double]
     df:58
     normr:0.1479
>> plot(X,Y,'k:',X,polyval(p,X),'r-')      %点连线是原函数,实线是拟合后的函数
>> title('4 次多项式拟合')
```

【例 5-13】 求函数 $f(x)=x^3+x^2-3x+3$ 在 $x\in[-2,\ 2]$ 的极小值和 $x=-2$ 附近的零点。

```
>> x=-2:0.1:2;                                  %定义自变量的范围
>> [x,y]=fminbnd('x.^3+x.^2-3.*x+3',-2,2)      %求极小值
x =
     0.7208
y =
     1.7316
```

```
>> [x,y]=fzero('x.^3+x.^2-3.*x+3',-2)          %求 x=-2 附近的零点
x =
   -2.5987
y =
   -3.5527e-015
```

【例 5-14】 求微分方程 $\begin{cases}\dfrac{dy}{dx}-\dfrac{3x}{y}=-2x\\ y(0)=1\end{cases}$ 在［1,2］的数值解。

先建立一个该方程的函数文件，启动 MATLAB 文本编辑器，输入以下命令：

```
function f=f(x,y)
f=3.*x./y-2.*x;                                %使用点运算
```

按默认文件名存盘后，在命令行窗口输入命令：

```
>> [X,Y]=ode45('f',[1,2],1);                   %采用四阶、五阶龙格-库塔法
>> X'                                          %转置后，显示自变量的一组采样点
ans =
  Columns 1 through 7
    1.0000    1.0250    1.0500    1.0750    1.1000    1.1250    1.1500
  Columns 8 through 14
    1.1750    1.2000    1.2250    1.2500    1.2750    1.3000    1.3250
  Columns 15 through 21
    1.3500    1.3750    1.4000    1.4250    1.4500    1.4750    1.5000
  Columns 22 through 28
    1.5250    1.5500    1.5750    1.6000    1.6250    1.6500    1.6750
  Columns 29 through 35
    1.7000    1.7250    1.7500    1.7750    1.8000    1.8250    1.8500
  Columns 36 through 41
    1.8750    1.9000    1.9250    1.9500    1.9750    2.0000
>> Y'                                          %转置后，显示一组数值解
ans =
  Columns 1 through 7
    1.0000    1.0244    1.0476    1.0698    1.0909    1.1110    1.1303
  Columns 8 through 14
    1.1487    1.1662    1.1830    1.1991    1.2144    1.2291    1.2431
  Columns 15 through 21
    1.2565    1.2692    1.2815    1.2931    1.3043    1.3149    1.3250
  Columns 22 through 28
    1.3347    1.3439    1.3527    1.3611    1.3690    1.3766    1.3838
  Columns 29 through 35
    1.3907    1.3972    1.4034    1.4093    1.4148    1.4201    1.4251
  Columns 36 through 41
    1.4298    1.4343    1.4385    1.4425    1.4463    1.4499
```

5.5.2 自己练

1. 给出 10 个学生的考试成绩，如表 5-7 所示。

表 5-7 考试成绩

学生姓名	数学	语文	外语	计算机	体育
丁松	90	98	86	81	90
于爱迪	92	99	91	90	90
王学明	97	94	80	85	95
田宇	67	72	77	88	90
徐皓	73	83	82	78	90
程琳琳	39	67	72	72	80
张丽	92	88	81	92	90
杨天琳	88	67	82	90	85
梅思奇	85	89	78	85	80
翟莉莉	78	75	85	77	95

求：（1）各科成绩总分。

（2）各科成绩最高分。

（3）各学生成绩总分。

（4）各科成绩的标准差。

2. 有 3 个多项式 $P_1(x)=x^4+2x^3+4x^2+5$，$P_2(x)=x+2$，$P_3(x)=x^2+2x+3$，进行下列操作：

（1）求 $P(x)=P_1(x)+P_2(x)P_3(x)$。

（2）求 $P(x)=0$ 的根。

3. 求微分方程$\begin{cases}5\dfrac{\mathrm{d}y}{\mathrm{d}x}+y=1\\ y(0)=2\end{cases}$在 $[-1,\ 1]$ 的数值解。

4. 在给定的初值 $x(0)=1$，$y(0)=1$，$z(0)=1$ 下，求方程组$\begin{cases}\sin(x)+y^2+\ln(z)-7=0\\ 3x+2y-z^3+1=0\\ x+y+z-5=0\end{cases}$的数值解。

5. 求下列函数在指定区间的极小值。

（1）$f(x)=\dfrac{1+x^2}{1+x^4}$，$x\in(0,\ 2)$。

（2）$f(x)=\sin(x)+\cos(x^2)$，$x\in(0,\ \pi)$。

6. 求下列多项式的根与导数：

（1）$f(x)=x^3-2x-5$；（2）$f(x)=x^4+5x^3+5x^2-5x-6$。

7. 求函数 $f(x)=x^2-4x+3$ 在 $x\in[-2,\ 2]$ 的极小值和 $x=-2$ 附近的零点。

8. 已知正弦函数值如表 5-8 所示。

表 5-8 正弦函数值

X	21°	22°	23°	24°
Y	0.35537	0.37461	0.39073	0.40674

求 sin21°30′的近似值。

5.6 陈建功——中国现代数学的奠基人之一

陈建功（1893—1971），我国函数论研究的先驱和数学教育的杰出代表，以其卓越的学术成就和深远的教育影响，在我国数学史上留下了浓墨重彩的一笔。

1929年，他受邀担任浙江大学数学系主任，与另一位数学家苏步青共同开始了长达20多年的亲密合作。他们采用数学讨论班的形式，严格培训青年教师和学生，培养他们独立开展科研项目的能力，逐渐形成了代表中国函数论和微分几何研究最高水平的“陈苏学派”。

陈建功为我国数学的发展做出了重要贡献。他始终强调基础数学的重要性，以虚数在力学领域的广泛应用为例，教育大家要重视基础学科的研究。

20世纪50年代，为了更好地学习苏联的先进经验，陈建功主动学习俄语，并翻译了多部苏联学术专著，为国内学者了解苏联数学成果做出了巨大贡献。他的专著《直交函数级数的和》《实函数论》等，是他多年教学实践的宝贵总结，对我国数学教育产生了深远影响。

5.7 习题

1. 用MATLAB提供的randn函数生成符合正态分布的10×5随机矩阵**A**，进行如下操作：

（1）求**A**矩阵各列元素的均值和方差。

（2）求**A**矩阵的最大元素和最小元素。

（3）分别对**A**矩阵的每列元素按升序、每行元素按降序排序。

2. 将5个学生5门功课的成绩存入矩阵**P**中，进行如下处理：

（1）分别求每门课的最高分、最低分，以及相应的学生序号。

（2）分别求每门课的平均分和标准方差。

（3）求5门课总分的最高分、最低分，以及相应学生序号。

（4）将5门课按总分从大到小顺序存入变量zcj中，相应学生序号存入变量xzcj。

3. 已知多项式 $P_1(x)=3x+2$，$P_2(x)=5x^2-x+2$，$P_3(x)=x^2-0.5$，求：

（1）$P(x)=P_1(x)P_2(x)P_3(x)$。

（2）$P(x)=0$ 的全部根。

4. 求下列多项式 $f(x)=0$ 时的根。

（1）$f(x)=x^3-2x^2-5$。

（2）$f(x)=x^3+2x^2+10x-20$。

5. 求函数 $f(x)=2x^2-6$ 在 $x\in[-4, 3]$ 的极小值和 $x=-2$ 附近的零点。

6. 求下列微分方程在［1，3］的数值解：

（1）$\begin{cases}\dfrac{dy}{dx}-2x=\dfrac{2x}{y}\\ y(0)=2\end{cases}$；（2）$\begin{cases}-5\dfrac{dy}{dx}+y=0\\ y(0)=3\end{cases}$。

7. 随机地从一批铁钉中抽取20枚，测得铁钉长度如表5-9所示。

表5-9 铁钉长度 （单位：cm）

样品长度	2.14	2.10	2.13	2.15	2.13	2.12	2.10	2.14	2.17	2.15
	2.15	2.12	2.14	2.11	2.10	2.16	2.09	2.13	2.08	2.14

求样本均值、样本方差、样本标准差、样本中值和极差。

8. 检测一批大米样品的垩白粒率和垩白度，分别使用机器自动检测和人工目测，得到的数据对照表如表 5-10 所示。

表 5-10　自动检测和人工目测数据对照表

检测项目	方法	样品 1	样品 2	样品 3	样品 4	样品 5	样品 6	样品 7	样品 8
垩白粒率	自动	30	25	33	30	30	29	28	36
	人工	30	25	32	29	28	28	27	34
垩白度	自动	12.4	11	12.9	13	12	11.3	11.6	15.7
	人工	11.6	10	13.2	12	11	10.6	10.6	14.5

计算两种检测方法的相关系数，说明能否用机器自动检测代替人工目测。

9. 化工生产中，常常需要知道丙烷在各种温度 T 和压强 p 下的导热系数 K。实验得到的一组数据如表 5-11 所示。

表 5-11　温度、压强和导热系数的关系

温度 T/K	压强 p/(N/m^2)	导热系数 K	温度 T/K	压强 p/(N/m^2)	导热系数 K
340	3.324×10^6	0.0848	360	1.3355×10^7	0.0695
340	9.0078×10^6	0.0895	380	3.324×10^6	0.0770
340	1.3355×10^7	0.0761	380	9.0078×10^6	0.0625
360	3.324×10^6	0.0810	380	1.3355×10^7	0.0652
360	9.0078×10^6	0.0741			

计算在 $T=370$ K 和 $p=1.02\times10^7$ N/m^2 下的导热系数 K（提示：利用二维插值函数）。

第6章 Simulink仿真

本章要点

- Simulink 的基本模块
- 仿真模型的编辑
- 仿真模型参数的设置

6.1 认识 Simulink

Simulink 是 MATLAB 环境下对动态系统进行建模、仿真和分析的一个软件包。该软件包的两个主要功能是 Simu（仿真）和 Link（连接）。Simulink 提供了图形化的用户界面，用户只需调用模块库中的图形模块，并将它们适当地连接起来构成系统模型，就能够对系统进行仿真，并可以随时观察仿真结果和干预仿真过程。应用 Simulink 降低了系统仿真的难度，用户不需要为了完成仿真工作而去学习某种程序设计语言。

6.1.1 Simulink 的启动和退出

6.1.1 Simulink的启动和退出

1. Simulink 的启动

在 MATLAB 操作桌面下，单击工具栏中的按钮，或单击“新建”→“Simulink 模型”菜单，或在命令行窗口输入“simulink”后，按下〈Enter〉键，都会弹出一个名为“Simulink 起始页”的窗口，如图 6-1 所示。

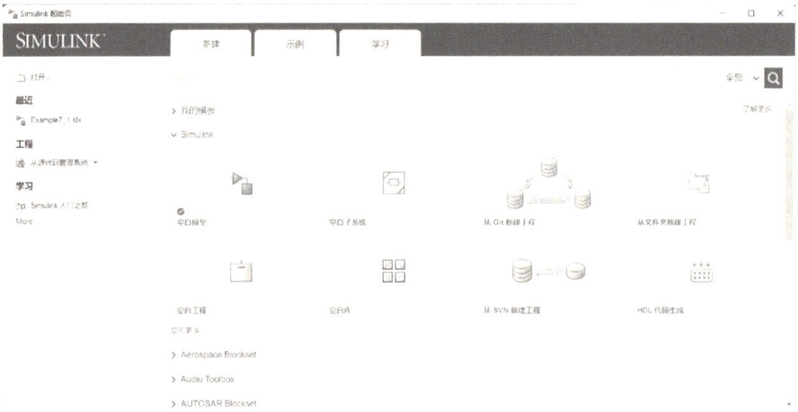

图 6-1 “Simulink 起始页”窗口

"Simulink 起始页"窗口中有"新建""示例"和"学习"3 个选项卡。其中"新建"选项卡可以选择"空白模型""空白子系统""空白库""空白工程"等;"示例"选项卡是一些精选的建模和仿真实例,可供参考;"学习"选项卡提供"快速入门"的演示资料。

2. 模型的创建

单击"Simulink 起始页"窗口"新建"选项卡中的"空白模型",会弹出一个名为"untitled"(无标题)的空白窗口,所有仿真模型都可以创建在这个窗口中,如图 6-2 所示。

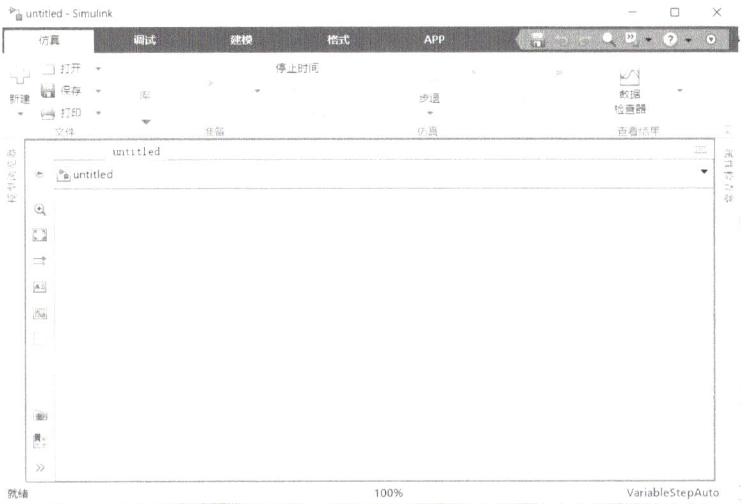

图 6-2　空白模型窗口

单击"保存"按钮,以文件名 Example6_1 存盘。如果要对一个已经存在的模型文件进行编辑修改,需要打开该模型文件。打开方法有两种:可以在 MATLAB 操作界面左侧"当前文件夹"下,单击模型文件名;也可以在命令行窗口直接输入模型文件名(不要加文件扩展名 .slx);还可以单击模型窗口(见图 6-2)中的"打开"菜单,在弹出的对话框中选择或输入要编辑模型的名称。

退出 Simulink,只要关闭所有模型窗口即可。

6.1.2　信号源和输出模块

Simulink 模块库提供了大量模块。单击模型窗口(参见图 6-2)工具栏中的"库"→"库浏览器"按钮,可以打开 Simulink 模块库浏览器,如图 6-3 所示。

创建仿真模型时,单击资源列表中的子模块库,则打开子模块库,找到仿真所需的模块,直接拖动到模型窗口中即可。

1. 信号源模块(Sources)

在 Simulink 模块库浏览器的资源列表中单击"Simulink"→"Sources",

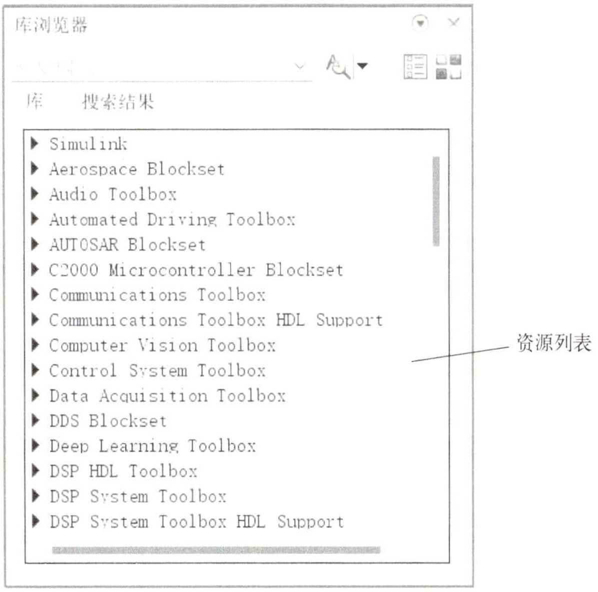

图 6-3　Simulink 模块库浏览器

可打开信号源模块，如图 6-4 所示。

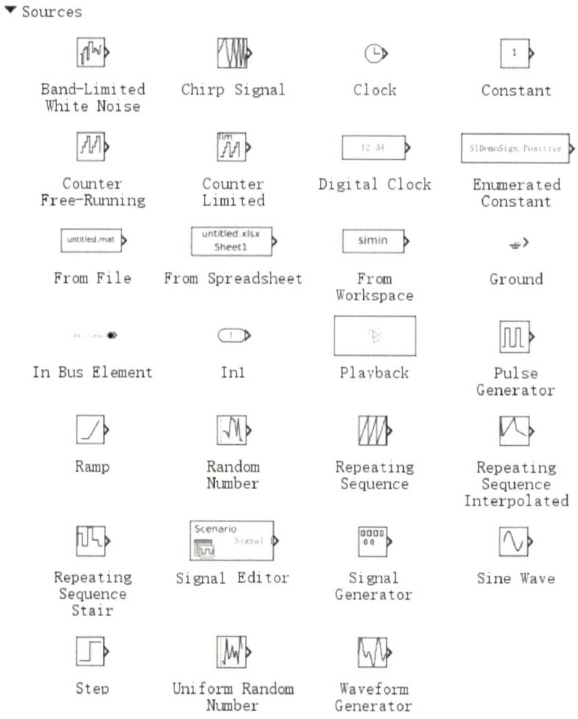

图 6-4　信号源模块

Sources 模块可以提供仿真所需的信号，其部分子模块的功能如表 6-1 所示。

表 6-1　信号源部分子模块的功能

子模块名称	功能	子模块名称	功能
Band-Limited White Noise	带限白噪声	Chirp Signal	快速正弦扫描信号
Clock	显示并输出当前的仿真时间	Constant	常数
Counter Free-Running	自动运行计数器（溢出时自动清零）	Counter Limited	有限计数器（可自定义计数上限）
Digital Clock	数字时钟	Enumerated Constant	枚举类型常数
From File	从文件读数据	From Spreadsheet	从电子表格中读数据
From Workspace	从工作空间读数据	Ground	接地
In Bus Element	创建总线元素输入端	In1	创建输入端
Playback	视频播放器	Pulse Generator	脉冲发生器
Ramp	斜波信号	Random Number	高斯分布的随机信号
Repeating Sequence	重复序列信号	Repeating Sequence Interpolated	重复曲线序列信号
Repeating Sequence Stair	重复阶梯序列信号	Signal Editor	信号编辑器
Signal Generator	信号发生器	Sine Wave	正弦波
Step	阶跃信号	Uniform Random Number	平均分布的随机信号
Waveform Generator	波形发生器		

用鼠标拖动 Band-Limited White Noise（带限白噪声）、Chirp Signal（快速正弦扫描信号）和 Repeating Sequence（重复序列信号）3 个模块到右侧的模型窗口中。

2. 输出模块（Sinks）

输出模块也可称为接收模块，用于显示仿真结果或输出仿真数据。在 Simulink 模块库浏览器的资源列表中单击“Simulink”→“Sinks”，可打开输出模块，如图 6-5 所示。

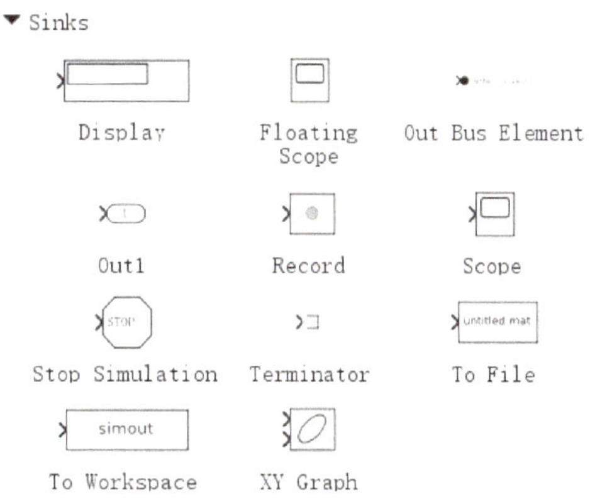

图 6-5 输出模块

输出模块各子模块的功能如表 6-2 所示。

用鼠标分别拖动 Scope（示波器）、Display（实时数值显示）和 To Workspace（输出到工作空间）3 个模块到右侧的模型窗口中。

表 6-2 输出模块各子模块的功能

子模块名称	功能	子模块名称	功能
Display	实时数值显示	Floating Scope	悬浮式示波器
Out Bus Element	创建总线元素输出端	Out1	创建输出端
Record	记录数据	Scope	示波器
Stop Simulation	当输入为非零时停止仿真	Terminator	终止未连接端口
To File	输出到文件	To Workspace	输出到工作空间
XY Graph	使用图形窗口 显示信号 X-Y 关系图		

6.1.3 模块的编辑处理

Simulink 提供了方便的模块编辑工具，选中一个或多个模块，单击模型窗口的“格式”选项卡，有“字体和段落”“样式”“排列”“模块布局”和“端口”等工具。

1. 模块的操作

（1）添加模块。当要把一个模块添加到模型中时，先在 Simulink 模块库中找到它，然后直接将这个模块拖入模型窗口中即可。

（2）选取模块。当模块已经位于模型窗口中时，只要在模块上单击就可以选中该模块，这时模块的四角上出现白色的小方块，这些小方块就是该模块的关键点，拖动这些白色小方块可以改变模块的大小。

如果要选中多个模块，可以在这些模块所占区域的一角按住鼠标左键不放，拖向该区域的对角，在此过程中会出现虚框，当虚框包住了要选中的所有模块后，放开鼠标，这时所有被选中模块以及连线都会变成蓝色，表示模块都被选中了。

2. 模块位置和外形的调整

为了连线的方便和美观，经常需要调整模块的位置、大小、方向、颜色和效果。

1）调整模块位置。改变或调整模块很简单，单击鼠标以选中模块，按住鼠标左键拖动即可。在拖动过程中，会显示该模块的虚框，将模块放到适当位置，松开鼠标就行了。

2）调整模块大小。若要改变单个模块的大小，首先选中该模块，会看到模块四角的关键点，然后用鼠标选中模块的关键点，拖动即可改变模块大小。在拖动过程中，可以看到模块外形的虚框，拖到合适大小松开鼠标即可。

3）调整模块方向。有时需要改变模块的方向，首先选中一个或多个模块，单击“格式”选项卡，从“排列”中选择相应的按钮。

4）调整模块颜色和效果。选中某一模块，单击“格式”选项卡，从“样式”中选择“背景”，即模块的背景填充色；“前景”就是模块表面的颜色；“阴影”就是给模块加上阴影，产生立体效果。

3. 模块名的处理

1）改变模块名。单击模块名的显示区域，这时会出现编辑状态的光标，在这种状态下能够修改模块名。模块名和模块图标的字体均可以更改，方法是选定模块，单击“格式”选项卡，从中选取字体的类型和大小。

2）隐藏模块名。选定模块，单击“格式”选项卡，在“自动名称”下拉列表框中选中“名称关闭”。

3）改变模块名的位置。模块名的位置有一定的规律：模块的接口在左右两侧时，模块名位于模块的上下两侧，默认在下侧；当模块的接口在上下两侧时，模块名位于模块的左右两侧，默认在左侧。模块名只能从默认位置移到相对的位置，可以用鼠标拖动模块名到其相对应的位置。

4. 复制和删除模块

1）复制模块。在模型制作过程中，可能某一个模块要使用多次，总是从 Simulink 模块库中添加无疑是很麻烦的。其实只要添加一个，其余的用这个复制即可。在同一个模型窗口中复制模块最简单的方法是：首先选中需要复制的一个或多个模块，然后按住〈Ctrl〉键不放，用鼠标拖动该模块，在拖动过程中，会显示该模块的虚框和一个加号，最后将模块放到适当的位置，松开鼠标和〈Ctrl〉键即可。在不同窗口之间也可以复制模块，简单的方法是直接将模块拖到目标窗口即可，也可以使用复制、粘贴命令。

2）删除模块。选中模块，按下〈Delete〉键可以彻底删除该模块。

5. 连接两个模块

从一个模块的输出端连到另一个模块的输入端是 Simulink 仿真基本的操作。方法是先移动鼠标指向模块的输出端，光标的箭头会变成十字形光标，这时按住鼠标左键，拖动鼠标到另一个模块的输入端，当十字形光标出现“重影”时，松开鼠标即完成了连接。

如果两个模块不在同一水平线上，连线将是一条折线。若想用斜线表示，需要在连接成折线后，按住〈Shift〉键再用鼠标单击连线，连线上出现调整块（小圆圈），拖动调整块即可。两种连线的效果如图 6-6 所示。

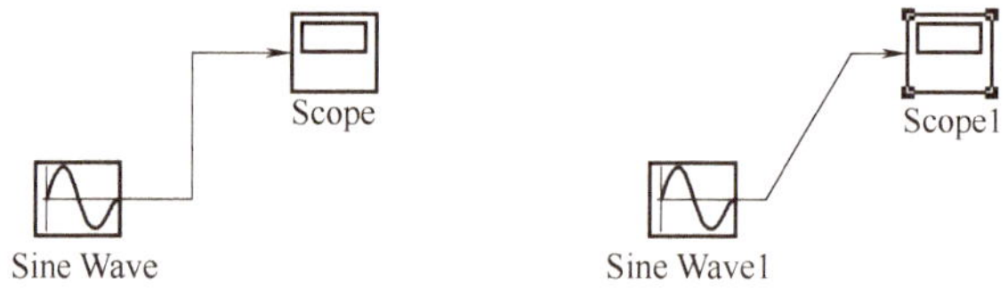

图 6-6 模块的连接

6. 连线的编辑

1）连线的分支。仿真时经常会碰到需要把信号输送到不同接收端的情况，这时就需要分支结构的连线。可以先连好一条线，然后把光标移到支线的起点位置，先按下〈Ctrl〉键，然后按住鼠标左键，将连线拖到目标模块，松开鼠标和〈Ctrl〉键即可。

2）标注连线。双击需要标注的连线，可以看到一个文本框，在里面输入标注文字后单击〈Enter〉键确定即可。用鼠标拖动文本框还可以改变标识的位置。

3）删除连线。如果想要删除某条连线，可单击要删除的连线，此时连线上出现标记点，表示该连线已经被选中，按下〈Delete〉键，即可删除该连线。

6.1.4 仿真模型的运行

在新建模型窗口中，将 Band-Limited White Noise 模块名改为“带限白噪声”，再与 Scope（示波器）模块连接；将 Chirp Signal 模块名改为“快速正弦扫描信号”，再与 Display（实时数值显示）模块相连；将 Repeating Sequence 模块名改为“重复序列信号”，再与 To Workspace（输出到工作空间）模块相连。信号显示模型如图 6-7 所示。

模型存盘后，单击模型窗口中的“仿真”选项卡→“运行”▶按钮进行仿真。系统仿真结束后（系统仿真的时间取决于系统的复杂程度），双击模型窗口的示波器图标，打开“示波器”窗口，带限白噪声信号如图 6-8 所示。

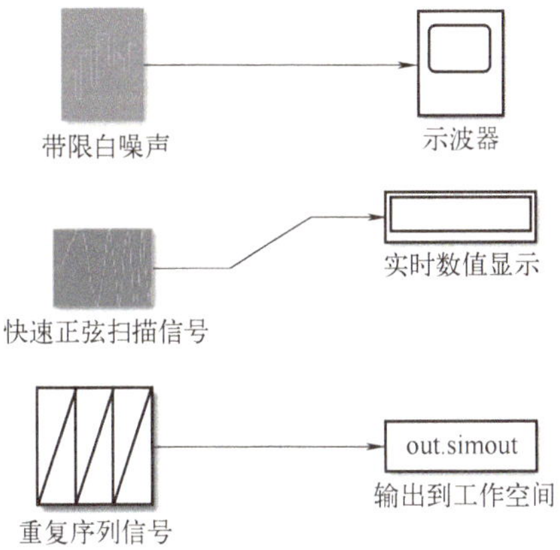

图 6-7 信号显示模型

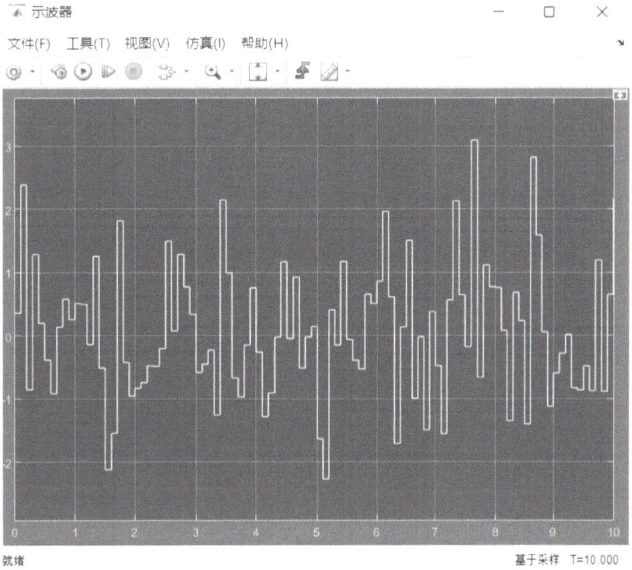

图 6-8 带限白噪声信号

“快速正弦扫描信号”模块的“实时数值显示”为 0.309；“重复序列信号”模块数据输出到工作空间，回到 MATLAB 的“工作区”能够看到名为 out 的结构体，可以双击打开查看。

6.2 信号运算模型的仿真

6.2 信号运算模型的仿真

用 Simulink 仿真两个正弦信号相乘，即仿真 $y(t)=\sin(t)\sin(10t)$ 的波形。在 MATLAB 操作桌面下，单击“新建”→“Simulink 模型”，再单击“Simulink 起始页”窗口中的“空白模型”，弹出一个名为“Untitled”（无标题）的空白窗口，单击“保存”按钮，以文件名 Example6_2 存盘。

单击“新建模型”窗口工具栏中的“库”→“库浏览器”按钮，可以打开 Simulink 模块库浏览器，单击 Sources（信号源模块），在右边的窗口中找到 Sine Wave（正弦源），然后用鼠标将其拖到模型窗口（重复一次，得到第二个正弦源）。按照同样的方法，在 Sinks（输出模块）中把 Scope（示波器）拖到模型窗口。

6.2.1 数学运算模块

数学运算模块提供了基本数学运算函数、三角函数、复数运算函数以及矩阵运算函数。

在 Simulink 模块库浏览器的资源列表中单击 “Simulink”→“Math Operations”，打开的数学运算模块如图 6-9 所示。

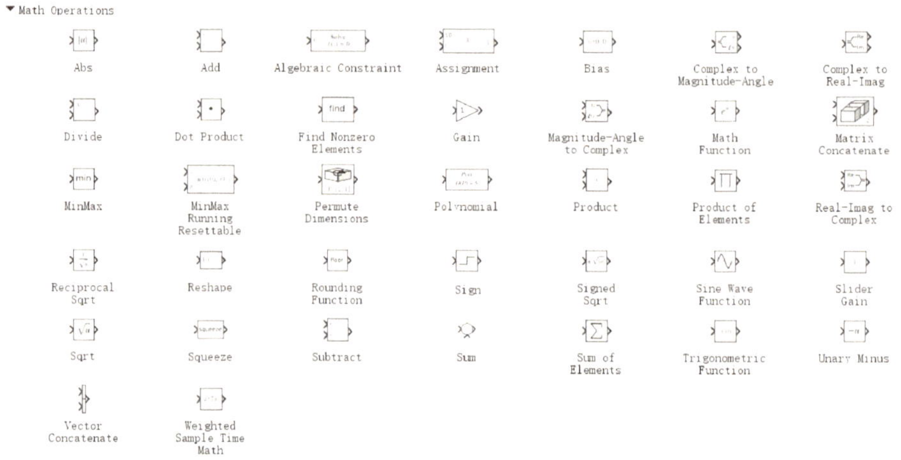

图 6-9 数学运算模块

数学运算模块部分子模块的功能如表 6-3 所示。

表 6-3 数学运算模块部分子模块的功能

子模块名称	功能	子模块名称	功能
Abs	求绝对值	Add	加法
Algebraic Constraint	代数上的约束常量	Assignment	为指定的信号元素赋值
Bias	偏移量	Complex to Magnitude-Angle	计算复数的模和辐角
Divide	除法	Dot Product	点乘
Gain	常数增益	Math Function	数学运算函数
MinMax	求最小值最大值	MinMax Running Resettable	求最小值最大值，带复位功能
Polynomial	多项式	Product	乘法
Product of Elements	各元素的累积	Real-Imag to Complex	由复数实部和虚部计算复数
Reciprocal Sqrt	二次方根的倒数	Rounding Function	取整函数
Sign	符号函数	Signed Sqrt	信号的二次方根
Sine Wave Function	正弦波形函数	Slider Gain	可变增益
Sqrt	二次方根	Subtract	减法
Sum	求和	Sum of Elements	各元素的累加和
Trigonometric Function	三角函数	Unary Minus	单一元素的负数
Vector Concatenate	向量连接模块	Weighted Sample Time Math	对信号经过加权时间采样的运算

拖动 Dot Product（点乘）模块到右侧的模型中，修改模块名称，信号运算模型如图 6-10 所示。

6.2.2 模块参数和属性的设置

1. 模块参数的设置

Simulink 中几乎所有模块的参数都允许用户自行设置，双击要设置的模块就可以打开模块参数设置对话框，不同模块参数设置对话框的项目会不同。双击模型窗口中的“正弦信号 1”模块，其参数设置对话框如图 6-11 所示。

对话框基本分为两部分，上面部分是模块功能的说明，下面部分用来设置模块参数。按照题意，将其频率设置为“2 * pi”。同理，将“正弦信号 2”模块的频率设置为“20 * pi”。

图 6-10　信号运算模型

2. 模块属性的设置

选定要设置属性的模块，单击鼠标右键，在弹出的菜单中选择“属性（T）...”选项，将得到如图 6-12 所示的属性设置对话框。

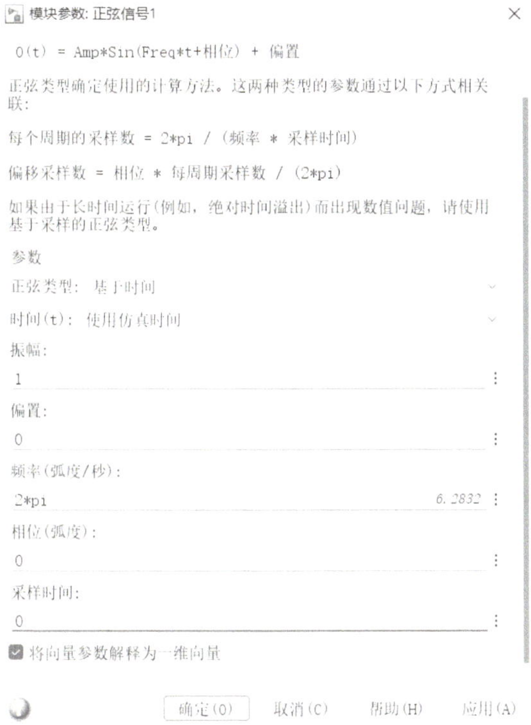

图 6-11　“正弦信号 1”模块参数设置对话框

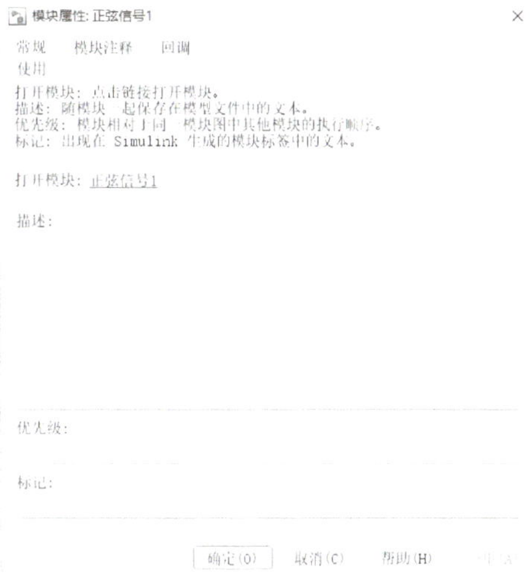

图 6-12　“正弦信号 1”模块属性设置对话框

该对话框有“常规”“模块注释”和“回调”三个选项卡。

“常规”选项卡根据需要可设置的属性如下。

1）描述：可输入文字，对该模块在模型中的用法进行说明。

2）优先级：规定该模块在模型中相对于其他模块的优先顺序，优先级的数值必须是整数，该数值越小，优先级越高。

3）标记：用户为模块添加的文本格式的标记。

“模块注释”选项卡中，“模块注释”是模块标签下方的文本，可以包含模块属性标记列表中的任何模块属性标记。

“回调”选项卡中，左侧是该模块的回调函数列表。回调函数是指在定义的事件发生时，将自动调用执行的函数。如果要为此模块创建或编辑回调函数，可在左下方的回调列表中选中，然后在右侧的窗口中输入实现该函数的 MATLAB 代码。

6.2.3 系统仿真

双击模型窗口中的“示波器”模块图标，再单击“视图”→“配置属性”菜单，因为要观察三个波形，所以将“示波器”的输入端口数量改为3。适当调整模块的位置和尺寸，将各个模块连接起来，如图6-13所示。

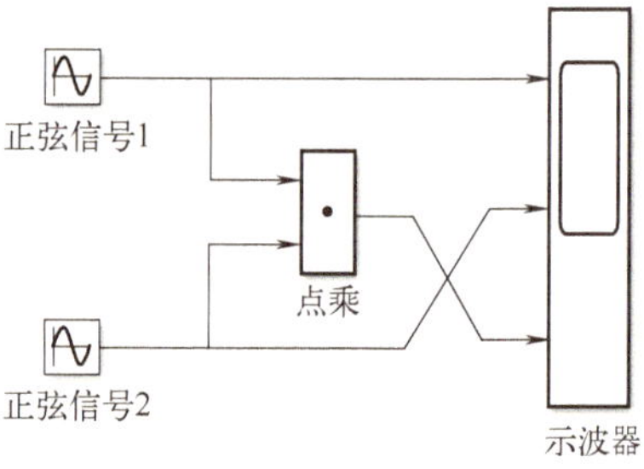

图6-13 实现信号相乘的仿真模型

单击模型窗口中的“仿真”选项卡→“运行”按钮进行仿真。系统仿真结束后，双击模型窗口的示波器图标，打开“示波器”窗口，两个正弦信号相乘的仿真波形如图6-14所示。

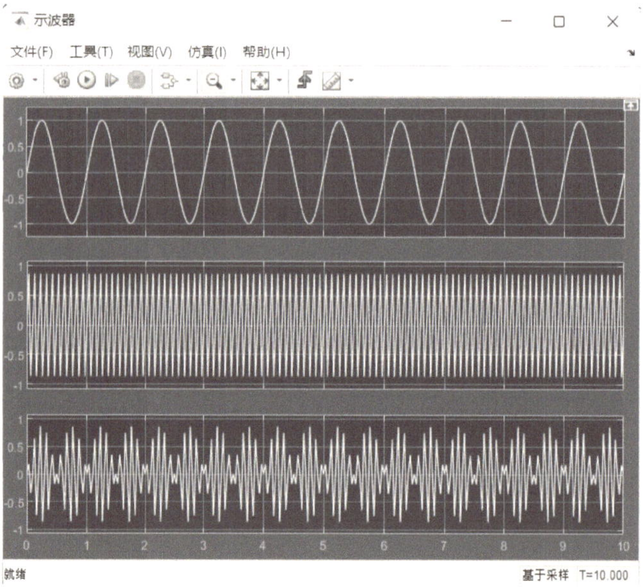

图6-14 两个正弦信号相乘的仿真波形

如果波形重叠在一个窗口显示，可单击“示波器”窗口中菜单栏的“视图”→“分层”菜单，拖动鼠标选择需要显示的窗口数量和排列方式。由于示波器的坐标区刻度设置不同，因此看到的波形可能会不一样。单击“示波器”窗口工具栏上的按钮，可以自动调整坐标来使波形刚好完整显示。

6.3 线性反馈控制系统的仿真

对控制系统来说，系统的数学模型实际上是某种微分方程或差分方程模型，因此在仿真过程中需要以某种数值算法从给定的初始条件出发，逐步地算出每一个时刻系统的响应，最后绘出系统的响应曲线，由此分析系统的性能。一个典型线性反馈控制系统结构如图6-15所示。

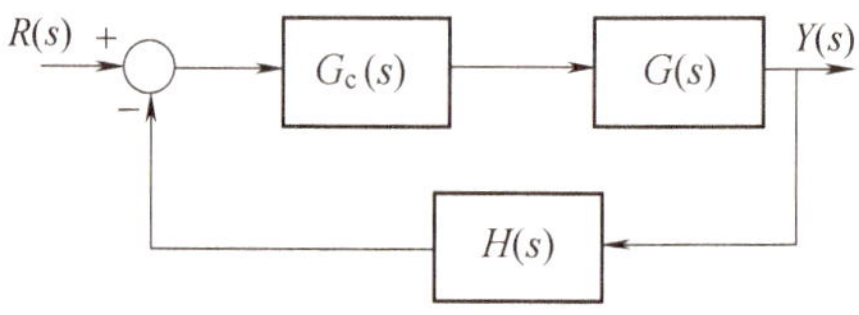

图6-15 典型线性反馈控制系统结构

图6-15中$R(s)$为输入函数，$Y(s)$为输出，$G_c(s)$为控制器模型，$G(s)$为对象模型，$H(s)$为反馈模

型。$G_c(s)=\dfrac{5}{0.5s^3+2s^2+3s+4}$；$G(s)=\dfrac{s-1}{s+3}$；$H(s)=\dfrac{1}{0.03s+1}$。

6.3.1 连续系统模块

连续系统模块提供积分、导数等连续系统仿真的常用子模块，在 Simulink 模块库浏览器的资源列表中单击“Simulink”→“Continuous”，打开的连续系统模块如图 6-16 所示。

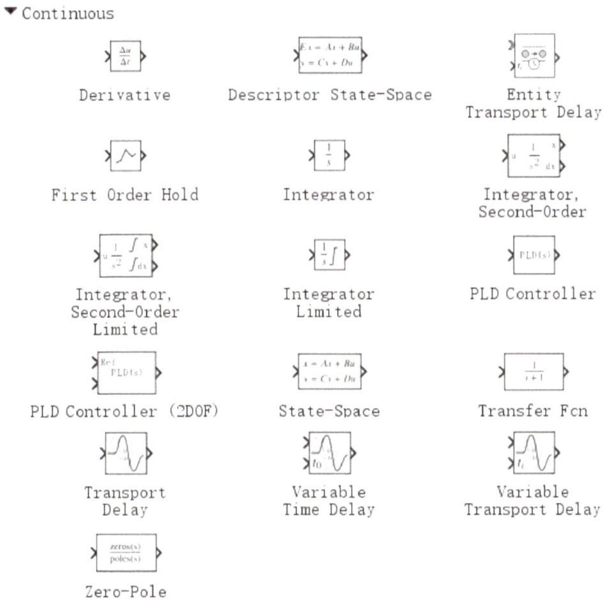

图 6-16 连续系统模块

连续系统模块常用子模块的功能如表 6-4 所示。

表 6-4 连续系统模块常用子模块的功能

子模块名称	功能	子模块名称	功能
Derivative	微分	PLD Controller	PLD 控制器
Descriptor State-Space	初始条件的状态方程	PLD Controller(2DOF)	双自由度 PLD 控制器
Entity Transport Delay	实体传输延时	State-Space	状态方程
First Order Hold	一阶保持	Transfer Fcn	传递函数
Integrator	积分	Transport Delay	传输延时
Integrator Second-Order	二阶积分	Variable Time Delay	可变时间延时
Integrator Second-Order Limited	设置上、下限的二阶积分	Variable Transport Delay	可变传输延时
Integrator Limited	设置上、下限的积分	Zero-Pole	零极点

6.3.2 建立仿真模型

在 MATLAB 操作桌面下，单击“新建”→“Simulink 模型”，再单击“Simulink 起始页”窗口中的“空白模型”，弹出一个名为“Untitled”（无标题）的空白窗口，单击模型窗口的“保存”按钮，以文件名 Example6_3 存盘。再按照以下步骤操作：

1）单击模型窗口工具栏中的“库”→“库浏览器”  按钮，可以打开 Simulink 模块库浏览器，单击 Sources（信号源模块），在右边的窗口中找到 Step（阶跃信号），然后用鼠标将其

拖到右侧的模型窗口中。按照同样的方法，在 Sinks（输出模块）中把 Scope（示波器）拖到模型窗口中。

2）在 Continuous（连续系统模块）中把 Transfer Fcn（传递函数）拖到模型窗口，共需要 3 个（可再拖动两次，也可以复制两个），重新命名为“$G_c(s)$”“$G(s)$”和“$H(s)$”。由于 $H(s)$ 是反向模块（即表示负反馈），所以需选中该模块后，单击“格式”→“排列”→“左右翻转”按钮，或使用快捷键〈Ctrl+I〉，改变其传输方向。

3）双击其中的 $G_c(s)$ 模块，将模块参数对话框的“分子系数”栏改为 [5]，“分母系数”栏改为 [0.5 2 3 4]。同样，把 $G(s)$ 模块的“分子系数”栏改为 [1 -1]，“分母系数”栏改为 [1 3]。$H(s)$ 模块的“分子系数”栏改为 [1]，“分母系数”栏改为 [0.03 1]。

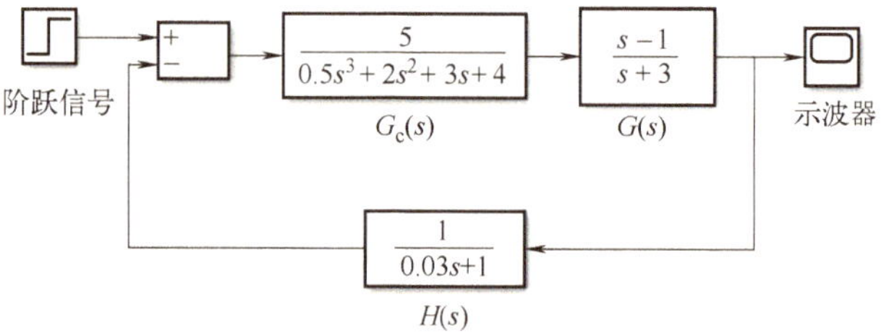

图 6-17 线性反馈控制系统仿真模型

4）单击 Math Operations 模块（数学运算），将其中的 Sum 模块（求和运算）拖动到模型窗口中，双击将模块参数对话框的“符号列表”改为“+ -”，并按图 6-17 连接好系统。

6.3.3 仿真模型的参数设置

在仿真系统设计过程中，用户事先还必须对仿真算法、输出模式等各种模型参数进行设置。单击模型窗口的“建模”选项卡，单击“模型设置”按钮，或使用快捷键〈Ctrl+E〉，将出现仿真模型参数配置窗口，如图 6-18 所示。

图 6-18 仿真模型参数配置窗口

仿真模型参数配置窗口主要包含 6 个选项卡，即求解器、数据导入/导出、数学和数据类型、诊断、代码生成、HDL Code Generation（硬件描述语言代码生成），其中求解器和数据导入/导出经常被用到。

1. 求解器

（1）仿真时间

设置仿真开始时间和停止时间，在两个编辑框内直接输入数值，时间单位是秒。但要注意，这里的时间只是计算机对时间的一种表示，执行一次仿真所需的时间依赖于很多因素，包括计算机的时钟频率、模型的复杂程度、求解器的类型及其步长等。

（2）求解器选择

根据类型的不同，分为变步长和定步长两种模式。变步长模式指在仿真过程中要根据误差自适应地改变步长。在采用变步长模式时，首先应该指定求解器，一般设置为 ode45（四/五阶龙格-库塔法），对多数问题而言这是最好的求解器；其次要设置允许的误差限，包括相对容差和绝对容差，当计算过程中的误差超过该误差限时，系统将自动调整步长，步长的大小将决定仿真的精度；最后根据需要还可设置最大步长、最小步长和初始步长，在默认值（auto）的情况下，系统所给定的最大步长为：

$$\text{最大步长}=(\text{终止时间}-\text{起始时间})/50$$

一般情况下，系统默认的步长（auto）已经足够，但如果用户所进行的仿真时间过长，则默认步长值会非常大，有可能出现失真，这时应根据需要设置步长。

定步长模式指在仿真过程中步长不变。在采用定步长模式时，要先设置步长。由于定步长的步长不变，所以此时不能设定误差限，而多了一个任务和采样时间的选项。

变步长和定步长都是求解器的模式，这两种模式有多种不同算法。一般对于离散系统，要选择离散算法；对于连续系统，则要选择 ode 系列算法。ode 系列算法基于龙格-库塔法，算法采用的阶数越高，计算越精确，但速度越慢。

2. 数据导入/导出

数据导入/导出选项卡主要用来设置 Simulink 与 MATLAB 工作区交换数据的有关选项，如图 6-19 所示。

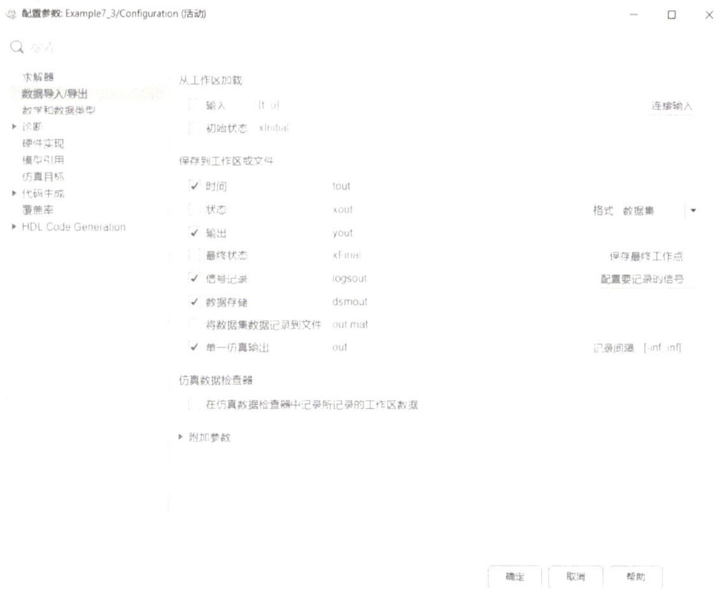

图 6-19 工作空间 I/O 选项卡

（1）从工作区加载

在仿真过程中，如果模型中有输入端口（In 模块），可从工作区直接把数据载入输入端口。先选中“输入”复选框，在后面的编辑框内输入数据的变量名。变量名的输入形式有数组、普通结构和带有时间的结构三种，默认的表示方法为数组（$\boldsymbol{t}$，$\boldsymbol{u}$），$\boldsymbol{t}$ 是一维时间列向量、$\boldsymbol{u}$ 是和 $\boldsymbol{t}$ 长度相等的 n 维列向量（n 表示输入端口的数量），用来表示模块端口状态值。“初始状态”复选框表示模块的初始状态。对模块进行初始化时，先选中“初始状态”复选框，然后在后面的编辑框中输入初始数据的变量名和数据，数据个数必须和状态模块数相同。

（2）保存到工作区或文件

选中"时间"复选框是将仿真过程的采样时间点输出到工作区的某个变量，变量名由用户给定；"状态"复选框把模块在各个采样点的状态输出到某个工作区变量；"输出"复选框只能输出模型端口的数据，如果模型中没有输出端口，则不能输出；"最终状态"复选框只输出每一个模块的最终状态；"数据存储"复选框指定存储数据的变量名。

6.3.4　系统仿真

在仿真参数设置对话框中将"仿真时间"设置为0~10s，采用"变步长"仿真，"求解器"使用ode45。单击模型窗口中的"仿真"选项卡→"运行"按钮进行仿真。仿真结束后，双击打开示波器，即可得到闭环反馈控制系统阶跃响应曲线，如图6-20所示。

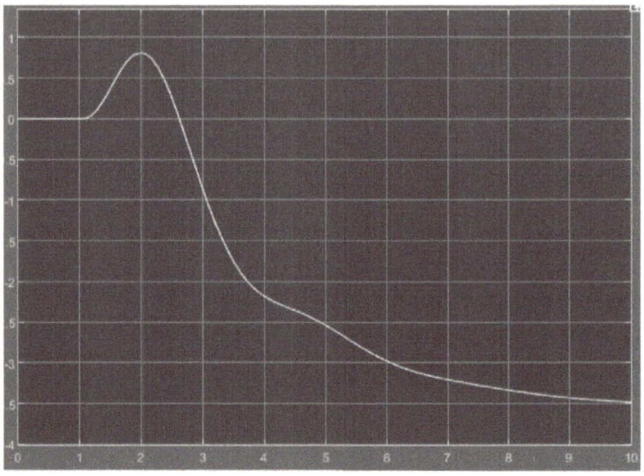

图6-20　闭环反馈控制系统阶跃响应曲线

断开图6-17中 $H(s)$ 模块左侧或右侧的连线，使其成为开环反馈控制系统，如图6-21所示。

再进行仿真，即可得到如图6-22所示的开环反馈控制系统阶跃响应曲线。

从这个例子可以看出，开环反馈控制系统是稳定的，而闭环反馈控制系统是不稳定的。因此，并不是所有的控制器和闭环结构都能够改善原系统的性能，事实上，如果控制器设计不当，也会使闭环反馈控制系统的特性恶化。

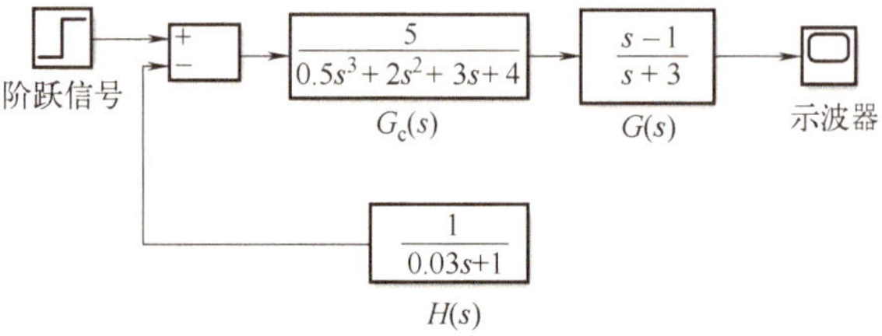

图6-21　开环反馈控制系统仿真模型

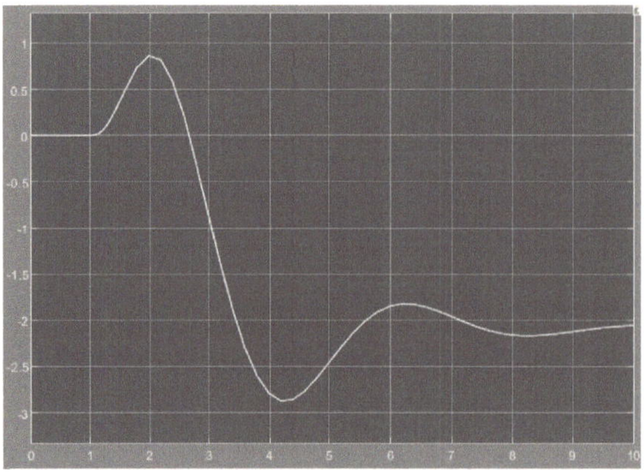

图6-22　开环反馈控制系统阶跃响应曲线

6.4 实训 Simulink 仿真

6.4
实训Simulink
仿真

6.4.1 跟我学

【例】 设计一个数字电路的 8 线-3 线编码器，并用 Simulink 仿真。

1. 题目分析

分析编码器的功能，写出编码器的逻辑表达式。编码就是在选定的一系列二值代码中赋予每个代码以固定的含义，执行编码功能的电路统称为编码器。8 线-3 线编码器是对输入的 8 个信号编码，输出三位二进制数。采用负逻辑（即低电平有效），要求输入信号每次只有一个是 0，其余 7 个是 1，其中值为 0 的信号是待编码的信号。8 线-3 线编码器真值表，如表 6-5 所示。

表 6-5 8 线-3 线编码器真值表

输入信号								输出信号		
J_0	J_1	J_2	J_3	J_4	J_5	J_6	J_7	Y_2	Y_1	Y_0
0	1	1	1	1	1	1	1	0	0	0
1	0	1	1	1	1	1	1	0	0	1
1	1	0	1	1	1	1	1	0	1	0
1	1	1	0	1	1	1	1	0	1	1
1	1	1	1	0	1	1	1	1	0	0
1	1	1	1	1	0	1	1	1	0	1
1	1	1	1	1	1	0	1	1	1	0
1	1	1	1	1	1	1	0	1	1	1

根据真值表，写出输出信号的逻辑函数式，见式（6-1）。

$$
\begin{aligned}
Y_0 &= \overline{J_1 \quad J_3 \quad J_5 \quad J_7} \\
Y_1 &= \overline{J_2 \quad J_3 \quad J_6 \quad J_7} \\
Y_2 &= \overline{J_4 \quad J_5 \quad J_6 \quad J_7}
\end{aligned}
\tag{6-1}
$$

在写出逻辑表达式之后，可以用与非门来实现这个表达式。

2. 仿真实现编码器

（1）建立模型窗口

在 MATLAB 命令行窗口的菜单栏上，单击“新建”→“Simulink 模型”菜单，然后在弹出的“Simulink 起始页”窗口中，单击“空白模型”，弹出一个名为“Untitled”（无标题）的空白窗口，单击模型窗口的“保存”按钮，以文件名 Example6_4 存盘。

（2）添加模块

1）单击模型窗口工具栏中的“库”→“库浏览器”按钮，打开 Simulink 模块库浏览器。将本次仿真需要的模块添加到模型中。

2）找到 Sources 子模块中的 Pulse Generator（脉冲发生器），拖动到新建的模型窗口，复制成 8 个，分别重新命名为 J_0、J_1 至 J_7。

3）找到 Logical and Bit Operations（逻辑和位运算）子模块中的 Logical Operator（逻辑运

算）模块，拖动到新建的模型窗口，复制成3个，分别重新命名为Y_0、Y_1和Y_2。

4）找到Sinks子模块中的Scope（示波器），拖动到新建的模型窗口，复制成3个。

（3）修改模块参数

1）双击Logical Operator模块Y_0，打开其属性对话框，将“运算符”修改为NAND（与非），将“输入端口数目”（节点数）修改为4，然后单击“确定”按钮。其余两个逻辑运算模块Y_1、Y_2也同样修改。

2）双击示波器模块Scope，在打开的示波器显示窗口的工具栏上单击（配置属性）按钮，打开示波器属性设置对话框，将“输入端口数目”改为3。同样地，将示波器Scope1和Scope2的“输入端口数目”改为4。

3）最后修改脉冲源的属性。双击脉冲源J_0，脉冲源参数设置对话框如图6-23所示。根据编码器的设计要求，“脉冲类型”设置为“基于采样”，表示离散信号；“振幅”是指脉冲信号的幅值，设置为1；“周期（采样数）”是以采样时间为单位，由于J_0到J_7应依次为低电平，所以J_0到J_7的周期设为8；“脉冲宽度（采样数）”设置为7；“相位延迟（采样数）”依次为-7到0（即J_0为-7，J_1为-6，J_2为-5，以此类推，J_7为0）。这样在零时刻，J_0为低电平，其余输入为高电平；过一个采样时间，J_1变为低电平。这样下去，到第七个采样时间，J_7变为低电平。

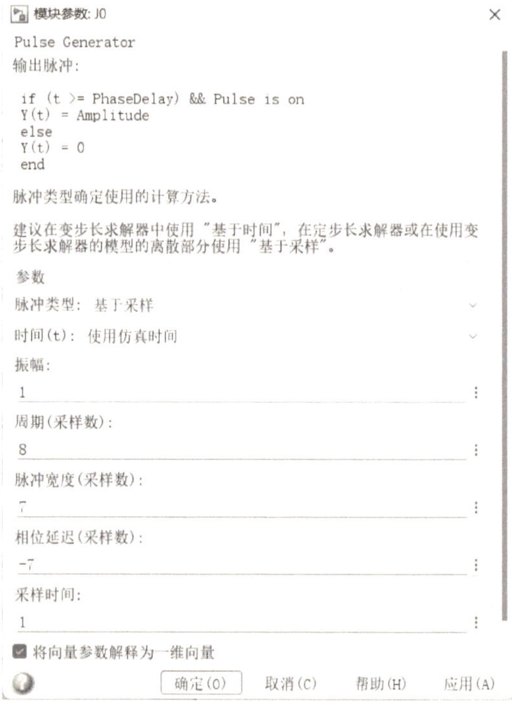

图6-23　脉冲源参数设置对话框

（4）连线及仿真

根据编码器电路的逻辑表达式，将J_1、J_3、J_5、J_7接至Y_0的输入端，将J_2、J_3、J_6、J_7接至Y_1的输入端，将J_4、J_5、J_6、J_7接至Y_2的输入端。用示波器Scope监测Y_2、Y_1、Y_0的输出，Scope1用来监视J_0~J_3四个波形，Scope2用来监视J_4~J_7四个波形，完成连线，如图6-24所示。

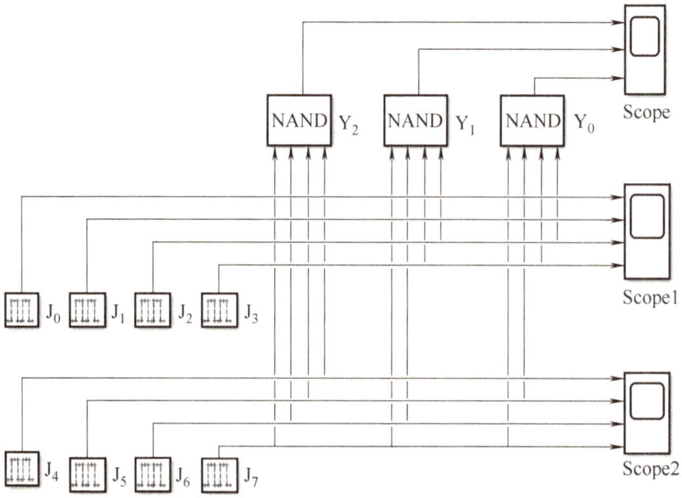

图6-24　8线-3线编码器

（5）仿真参数设置

单击模型窗口的“建模”选项卡→“模型设置”按钮，或使用快捷键〈Ctrl〉+〈E〉，打开仿真参数设置对话框，如图6-25所示。

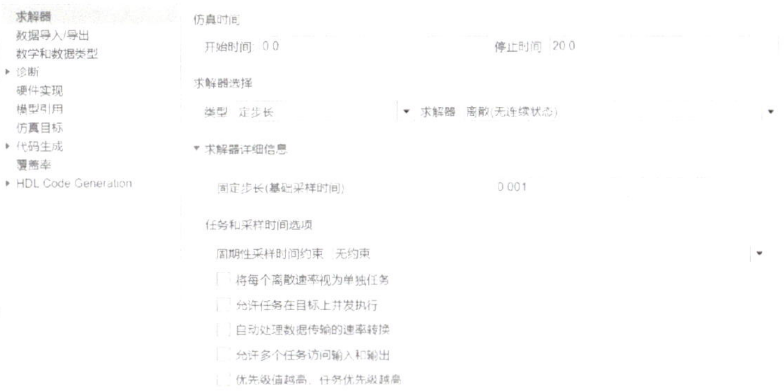

图6-25 仿真参数设置对话框

将“仿真时间”设置为0~20s，采用“定步长”仿真，“求解器”设置为“离散（无连续状态）”；再打开“求解器详细信息”，把“固定步长（基础采样时间）”设置为0.001s。

（6）系统仿真

单击模型窗口中的“仿真”选项卡→“运行” 按钮进行仿真。仿真结束后，双击打开示波器Scope1，看到编码器J_0、J_1、J_2、J_3输入端的波形，如图6-26所示。

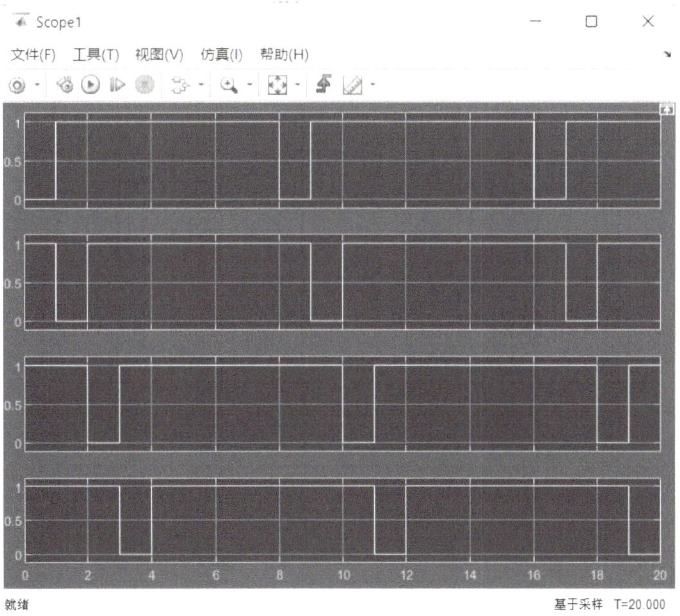

图6-26 编码器输入波形（前四个脉冲信号）

如果波形重叠在一个窗口显示，可单击“视图”→“分层”菜单，拖动鼠标选择需要显示的窗口数量和排列方式。由于示波器的坐标区刻度设置不同，因此看到的波形可能会不一样。单击示波器窗口工具栏上的 图标，可以自动调整坐标来使波形刚好完整显示。再双击打开示波器Scope2，看到编码器J_4、J_5、J_6、J_7输入端的波形，如图6-27所示。

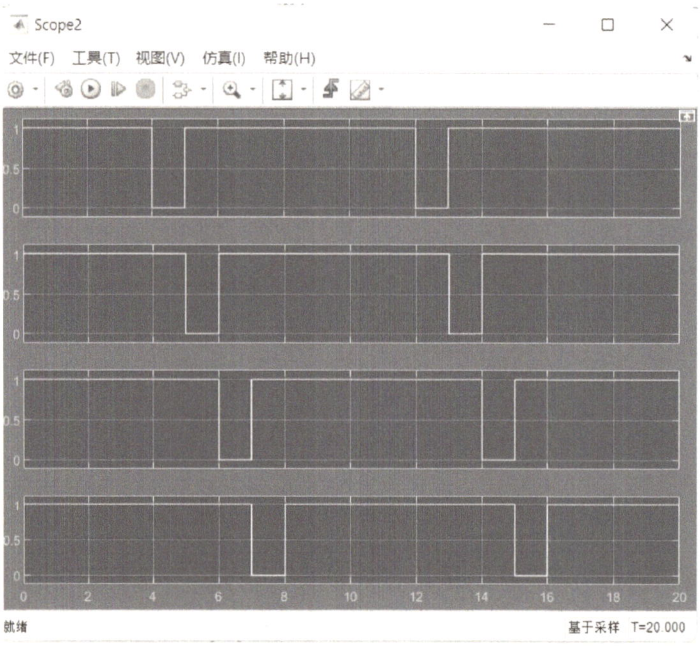

图 6-27 编码器输入波形（后四个脉冲信号）

可以看出，$J_0 \sim J_7$ 是以 8 个脉宽为周期，依次出现低电平。最后双击 Scope（示波器）可以看到编码器输出波形，如图 6-28 所示。

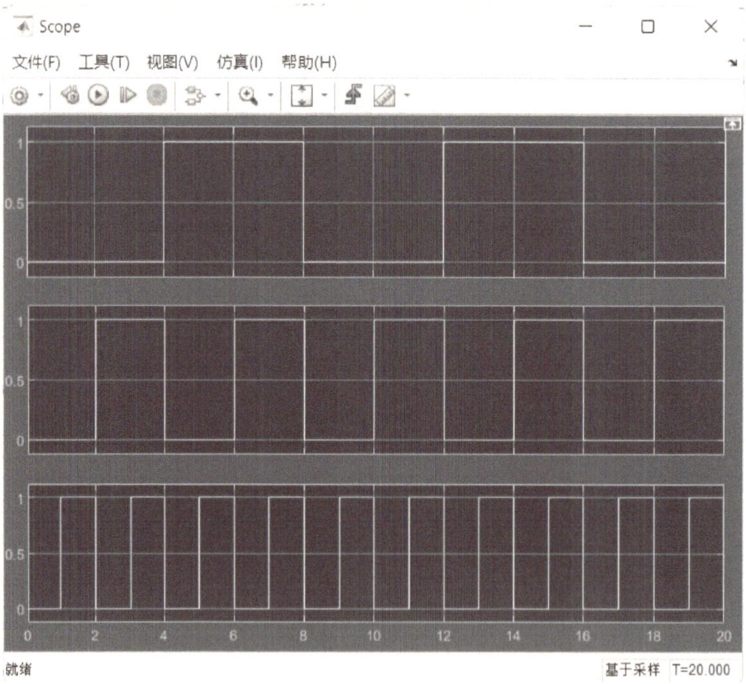

图 6-28 编码器输出波形

在图 6-28 中按列可以清楚地看到，输出的三位二进制码依次为：000、001、010、011、100、101、110、111，从而实现了编码的功能。

6.4.2 自己练

1. 浏览 Simulink 模块库中与自己专业相关的模块。
2. 利用 Scope（示波器）观察 Source（信号源）模块库中的 5 个信号模块并记录波形。
3. 对 Source 模块库中的 Uniform Random Number（平均分布的随机信号）子模块进行选取、更改名称、调整大小、添加阴影、改变方向及颜色等编辑操作，设置模块参数，用 Scope 观察输出波形。
4. 仿真对斜坡信号（Ramp）的积分运算，并显示输出结果。
5. 参考 8 线-3 线编码器，设计一个数字电路的 2 线-4 线译码器，并用 Simulink 仿真。
6. 设计一个数字电路的半加器，并用 Simulink 仿真。提示：设半加器的输入端为 A（被加数）和 B（加数）；输出端为 S（和）和 C（进位）；半加器的逻辑表达式为 $S=\overline{A}B+A\overline{B}=A\oplus B$，$C=AB$，其中$\oplus$表示异或关系，将 Logical Operator 模块属性对话框中的“运算符”修改为 XOR 即可。

6.5 吴文俊——人民科学家

吴文俊（1919—2017），数学家。2001 年 2 月，获得首届国家最高科学技术奖。2019 年 9 月，获得“人民科学家”国家荣誉称号。

吴文俊对数学的核心领域拓扑学做出了重大贡献，开创了数学机械化新领域，对国际数学与人工智能研究影响深远。他用算法的观点对中国古算进行了分析，同时提出用计算机自动证明几何定理的有效方法，在国际上被称为“吴方法”。他提出的“吴方法”是一个全新的研究领域，其影响不仅局限于纯数学领域，更对人工智能等有所启发，美国人工智能协会主席布莱索等知名科学家称吴文俊“独自使中国在该领域进入国际领先地位”。

作为我国最具国际影响力的数学家之一，吴文俊身体力行地带领、引导中国数学、中国数学家走向世界。他曾担任中国数学会理事长，任期内，他领导中国数学成功加入国际数学联盟，极大提高了我国数学界的国际地位。

6.6 习题

1. 什么是 Simulink？其主要功能是什么？
2. 应用 Simulink 仿真的主要步骤有哪些？
3. 如何设置 Simulink 仿真模型参数？
4. 建立 Simulink 仿真模型，求出图 6-29 所示开环线性控制系统的响应曲线。
5. 建立阶跃信号 $\varepsilon(t-2)$ 积分运算的仿真模型，并观察阶跃信号及其积分后的波形。
6. 建立函数 $y(t)=\sin(t)-\sin(2t)$ 的仿真模型，并观察波形。

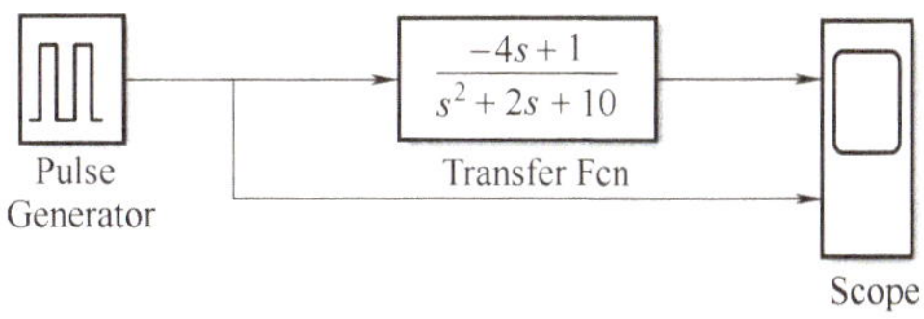

图 6-29 开环线性控制系统

7. 建立函数 $y(x)=\sin(x)e^{-x}$ 的仿真模型，并观察波形。提示：使用 User-Defined Functions 模块库下的 Fcn 模块生成 e^{-x}，该模块的输入使用 Clock 信号。
8. 设计一个数字电路的全加器，并用 Simulink 仿真。提示：全加器的输入端为 A（被加数）、B（加数）、C_i（低位进位）；输出端为 S（和）和 C_o（进位）。全加器的逻辑表达式为 $S=A\oplus B\oplus C_i$，$C_o=AB+AC_i+BC_i$，其中$\oplus$表示异或关系，将 Logical Operator 模块属性对话框中的“运算符”修改为 XOR 即可。

第7章 App应用设计

本章要点

- App 设计工具
- App 创建过程
- 菜单和对话框的设计

7.1 认识 App

App 是 MATLAB 推出的一种应用程序设计工具，是一个可视化集成开发环境，同早期的 GUIDE 一样采用面向对象的设计方法。除了提供和 GUIDE 类似的标准界面组件外，MATLAB 还提供了与工业应用相关的组件，如仪表盘、旋转开关、指示灯等，这些组件可重复使用且可以和其他对象交互，是封装了一个或多个组件模板的组合体。在 MATLAB R2019b 中，MathWorks 公司宣布将在以后的版本中删除原来用于在 MATLAB 中构建 App 的拖放式环境 GUIDE，但在删除 GUIDE 后，以前创建的 GUI 仍可继续在 MATLAB 中运行，也可以转换成 App。

7.1.1 App 设计工具

7.1.1 App设计工具

1. 启动 App 设计工具

启动 App 设计工具有三种方法：可以在 MATLAB 命令行窗口输入“appdesigner”命令后，按〈Enter〉键；或单击 MATLAB“主页”选项卡中的“新建”→“App”菜单；或单击 MATLAB 的“App”选项卡中的“设计 App”按钮。“App 设计工具”窗口，如图 7-1 所示。

该窗口主要提供了 App 模板和自定义 UI 组件模板。App 模板包括“空白 App”“可自动调整布局的两栏式 App”和“可自动调整布局的三栏式 App”三个模板；自定义 UI 组件模板包括“空白组件”和“带有网格布局的空白组件”。窗口中的“显示示例”是一些精选的交互式在线编辑的设计示例，用户可以按照提示学习设计 App，设计示例对入门很有帮助。窗口左侧是最近使用的 App 等内容。

2.“App 设计工具”窗口

单击“空白 App”模板，弹出“设计工具”窗口，菜单栏共有“设计工具”“画布”和“视图”3 个选项卡。其中“设计工具”选项卡提供“文件”“共享”和“运行”功能按钮；“画布”选项卡提供“文件”“对齐”“排列”“间距”和“运行”功能按钮；“视图”选项卡提供“显示”和“缩放”功能按钮。

图 7-1 “App 设计工具”窗口

“设计工具”选项卡窗口如图 7-2 所示，其功能区由组件库、设计编辑区和组件浏览器三部分组成。组件库提供设计所需的组件；设计编辑区包括“设计视图”和“代码视图”两个选项卡，“设计视图”选项卡用于界面设计布局，“代码视图”选项卡用于实现应用功能的程序代码编辑，选择不同的视图，其编辑窗口的内容也不同；组件浏览器由上、下两部分组成，上部分是组件属性名称栏，下部分是“App”和“回调”两个选项卡，用于设置组件参数和回调函数。在组件库中可以选中并拖动一些组件到设计编辑区。

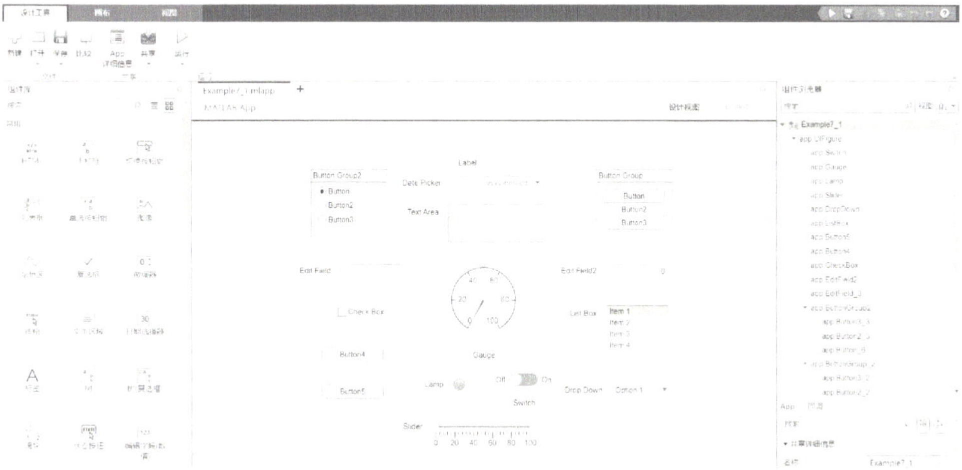

图 7-2 “设计工具”选项卡

3. 打开 App 文件

单击“设计工具”选项卡窗口的“保存”按钮，以文件名 Example7_1 存盘。如果要对一个已经存在的 App 文件进行编辑修改，需要打开该 App 文件。在 MATLAB 操作桌面下有两种打开方法：在左侧“当前文件夹”下，找到并单击 App 文件名；也可以单击菜单栏的“打开”菜单，在弹出的对话框中选择或输入要编辑文件的名字。另外，已经打开的“App 设计工具”窗口（见图 7-1）左侧或“设计工具”选项卡中都有“打开”按钮，按提示操作即可。

4. 退出 App

退出 App，只要关闭所有窗口即可。

7.1.2 App 设计规范

App 的目的是方便用户使用软件，使操作图形化。设计 App 时，应力求简洁、清晰地反映软件的功能和特征，设计的关键是使用户与计算机之间能够准确地交流信息。一方面，用户向计算机输入信息时，应当尽力采取自然简单的方式；另一方面，计算机向用户传递的信息必须准确，不致引起误解或混乱，不要把内部的处理、加工与 App 界面混在一起，以免相互干扰，影响速度，甚至影响认知。

1. 界面一致性

界面一致性包括使用标准的组件，使用相同的信息表现方法，如在显示信息、标签风格、背景颜色、字体等方面确保一致。大多数 MATLAB 用户对 Windows 标准界面都有一定的认识，不需要过多解释就能够了解。

1）显示信息。在同一个 App 应用中，信息表现方式不一致会分散用户的注意力，影响软件的使用和表现力，因此开发者应当注意标签提示、日期、对齐方法、字体、背景等信息的表达方式。

2）桌面布局。屏幕对角线相交的位置是用户直视的地方，其正上方 1/4 处是容易引起用户注意的位置，在放置窗体时要注意利用这两个位置。界面大小应该符合美学观点，感觉协调舒适，能在有效的范围内吸引用户的注意力。

2. 界面易用性

设计界面时，应力求简洁、清晰地反映界面的功能和特征。对于一些相对固定的数据，不应让用户多次输入（特别是汉字），而应该能够使用鼠标选择。组件名称应该易懂，用词准确，不要使用模棱两可的字词，要与同一界面上的其他组件明显区分。理想的情况是用户不用查阅帮助就能知道该组件的功能，并进行相关的正确操作。

3. 界面规范性

通常软件界面是按 Windows 界面的规范来设计的，即包含菜单、工具栏、按钮、右键快捷菜单等标准格式。软件界面设计遵循规范化的程度越高，软件的易用性就越好。

7.1.3 组件

“设计工具”选项卡（见图 7-2）左侧的组件库中包含大量组件，用于设计应用程序，分为常用、容器、图窗工具、仪器、Aerospace（航空航天工具箱组件）和 Simulink Real-Time（Simulink 实时仿真工具组件）。下面介绍一些“常用”库中的组件。

1）单选按钮组。单选按钮组由 3 个具有互斥功能（每次只能选中 1 个）的单选按钮组成。单选按钮有一段标识文本，在标识文本的左边有一个小圆圈，当选中按钮时小圆圈内有一个黑点，当没有选中时小圆圈内为空。单击单选按钮，使按钮在“选中”与“不选中”两种状态间切换，这对于用户进行功能互斥的选择是很有用的。

2）普通按钮。按钮是一个矩形的凸出对象。在按钮上标有一个字符串，用于标识按钮。单击按钮，按钮被按下，并产生相应的动作（执行一个程序或命令）；当松开鼠标后，按钮又会弹起。

3）状态按钮。状态按钮与普通按钮在外观上非常相似，不同的是单击状态按钮并松开后，状态按钮不会弹起，再单击一次，才会弹起，这可以表明状态按钮所处的状态。状态按钮的“按下”和“弹起”可执行不同的动作，在进行工具栏设计时，状态按钮是非常有用的。

4）切换按钮组。切换按钮组由 3 个具有互斥功能（按下一个按钮，原来被按下的按钮会弹起）的状态按钮组成。

5）日期选择器。日期选择器可以设置当前日期。双击并在弹出的列表中选择日期。

6）可编辑文本。用户能够交互地在方框内输入文本或修改已经存在的文本。共有 3 个组件：①“文本区域”组件可编辑或输入多行文本；②“编辑字段（数字）”可编辑单行数字；③“编辑字段（文本）”可编辑单行文字。可编辑文本都带有方框。

7）标签。标签用于显示文本字符串，不带方框，通常用于显示标题或其他组件的有关信息。例如与滑块相连，可以在标签中显示滑块的取值范围。与可编辑文本不同，用户不能交互地改变标签中的内容。

8）复选框。在标识文本的左边有一个小方框，单击小方框，使复选框在“选中”与“不选中”两种状态间切换。当选中时，复选框的小方框内会有一个“√”；当没有选中时，复选框的小方框内为空。当需要向用户提供多个互相独立的选项时，可以使用复选框。

9）下拉列表框。下拉列表框有一个信息显示框，框的右边有一个下拉式箭头。单击下拉箭头，就会显示一个列表。当没有打开列表时，信息显示框内显示的是当前选择的列表项。当打开列表，从中选择一个选项并单击后，该选项就会出现在信息显示框内。下拉列表框没有多选功能，对于用户进行大量互斥选择是很有用的，如果不用下拉列表框，那么就必须设置大量互斥的单选按钮。

10）列表框。列表框用于向用户显示一个或多个选项，用户可以在其中选择一个列表项。列表框与下拉列表框功能相同，但选项多时，占用的空间位置较大。

11）滑块。滑块由刻度标尺和标记块组成。用鼠标拖动标记块可以改变标记块的位置，同时也改变了滑块的当前值。可以设置滑块的最小值、最大值与当前值。

12）坐标区。坐标区是在设计窗口建立的一个具有坐标轴的绘图区域，用于绘制或显示图形。

13）表。表用于在设计窗口建立一个数据表格，既可使用 MATLAB 工作区中的数据，也可以和 Excel 电子表格联合使用。

在“设计工具”选项卡窗口内，双击“标签”组件，将其内容修改为“组件名称和外观”；双击“日期选择器”的标记文字，将其改为“当前日期”，再单击其右侧的下拉箭头，从中选择日期。按照同样的方法，将其他组件的英文名称都改成中文名称。

7.1.4 界面布局

单击选中组件，用鼠标拖动调整组件位置，再拖动组件边框上的小方块，调整组件大小。然后使用“画布”选项卡的功能按钮精确调整组件位置和关系。“画布”命令面板按钮功能如表 7-1 所示。

表 7-1 “画布”命令面板按钮功能

面板名称	按钮名称	功能
文件	保存	保存 App，包括另存为、将副本另存为、导出为 M 文件等选项，保存类型为（*.mlapp）
	转换	可将当前 App 转化为可自动调整布局的两栏式 App 或三栏式 App
对齐		分别表示左对齐、居中对齐、右对齐
		分别表示顶端对齐、中间对齐、底部对齐
排列	相同大小	使选定组件具有相同大小，包括宽度和高度、宽度、高度 3 种格式
	组合	组合选定组件，形成一个整体

（续）

面板名称	按钮名称	功能
间距	均匀	间距均匀相等，或选定 20（像素）
	水平应用	水平应用间距
	垂直应用	垂直应用间距
视图	显示网格	显示或隐藏背景网格
	对齐网格	启用或禁用对齐网格
	间距	网格间距（像素）
	显示对齐提示	启用或禁用对齐提示
	显示调整大小提示	启用或禁用调整大小提示
运行	运行 App	保存并运行当前 App
	添加 App 输入参数	使用对话框添加输入参数

选中组件对齐时，每次只能对齐一个方向，否则组件会重叠。例如：选择垂直方向对齐，水平方向就不要选择对齐方式；选择水平方向对齐，垂直方向就不要选择对齐方式。

单击“设计工具”选项卡窗口快捷按钮栏的“运行” 按钮或按下〈F5〉键，存盘并运行。弹出的窗口如图 7-3 所示。

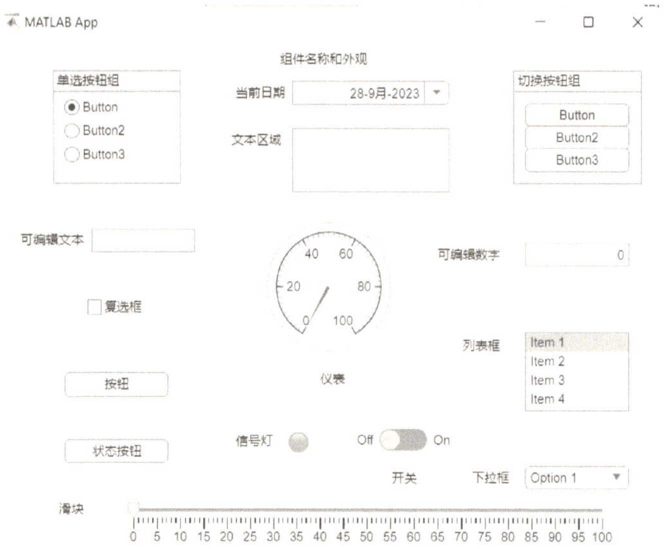

图 7-3　组件名称和外观演示 App

单击“单选按钮组”或“切换按钮组”体会互斥功能；在“文本区域”输入多行文字，在“可编辑文本”框内输入文字，在“可编辑数字”框内输入数字；按一下“按钮”和“状态按钮”等。目前的组件由于没有添加回调函数，只能改变外观，不能实现某些动作。

7.2　双峰函数图形演示界面

设计一个绘制双峰函数图形的 App 演示界面。要求：单击“绘制图形”按钮，绘制双峰函数图形；单击“清除图形”按钮，清除双峰函数图形但保留坐标轴；单击“退出”按钮，退出 App。

7.2.1 图形对象句柄函数

句柄是某个图形对象的记号，MATLAB 给图形窗口中的每个对象都指定了句柄，利用句柄可以获取或修改一个图形对象的属性。每个图形窗口中可以有 4 种对象：下拉式菜单、组件、坐标轴和上下文（右键弹出式）菜单。

1. 图形对象句柄函数

MATLAB 提供了专门的函数用于获得已经存在的图形对象句柄，获得句柄后既可以赋值给某一变量，也可以直接作为其他函数的输入变量。图形对象句柄函数如表 7-2 所示。

表 7-2 图形对象句柄函数

函数名称	说明	函数名称	说明
gcf	当前图形窗口的句柄	gco	当前对象的句柄
gca	当前坐标区或图的句柄	gcbf	正在执行回调的对象的图形窗口句柄
gcbo	正在执行回调的对象的句柄		

另外，如果将 plot、text、mesh、surf 等绘图函数赋值给一个变量，执行这些绘图函数后，该变量就成为此图形的句柄。例如：

```
>> h=plot(1:40)
h=
    Line-属性:
      Color:[0 0.4470 0.7410]
      LineStyle:'-'
      LineWidth:0.5000
      Marker:'none'
      MarkerSize:6
      MarkerFaceColor:'none'
      XData:[1×40 double]
      YData:[1×40 double]
      ZData:[1×0 double]
```

h 为绘制直线的句柄，Color（线色）、LineStyle（线型）、LineWidth（线宽）等就是属性名称，其右侧是属性值。

2. 对象属性函数

所有对象都有定义其特征的属性，属性可以决定对象的显示方式、位置、颜色、字体、类型等内容，不同的图形对象有不同的属性。图形对象属性函数如表 7-3 所示。

表 7-3 图形对象属性函数

函数名称	函数格式	说明
delete	delete(handle)	删除句柄对应的图形对象。handle 为对象句柄
	delete(gca)	删除图形对象中的坐标区
	delete(gcf)	删除当前的图形对象
close	close	关闭单个图形窗口
	close all	关闭全部图形窗口
cla	cla	从当前坐标区删除包含可见句柄的所有图形对象

（续）

函数名称	函数格式	说明
findobj	h=findobj('ProperName','P')	查找具有某种属性的图形对象句柄。ProperName 为对象的某一个属性(通常使用名称),P 为该属性的属性值,h 为得到的句柄
get	Value=get(handle,'Name')	获取指定图形对象某个指定属性的属性值。handle 为图形对象的句柄,Name 为某个属性名称,Value 为返回的属性值
set	set(handle)	显示指定图形对象所有可设置的属性名称及其可能取值。handle 为图形对象的句柄
	P=set(handle,'ProperName')	显示指定图形对象某个属性的取值。handle 为图形对象的句柄,ProperName 为属性名,P 为返回的属性值
	set(handle,'Name1',Value1,'Name2',Value2,'Name3',Value3,…)	设置指定图形对象的多个属性。handle 为图形对象的句柄,Name1 为某个属性,Value1 为设置的属性值;其他参数相同

【例 7-1】 利用 plot 函数画出一条直线，查看其线型属性，先修改为虚线，再更改线宽。

```
>> clear
>> h=plot(1:50);                              %画出一条直线,图形对象句柄为 h
>>PV=get(h,'LineStyle')                       %获得句柄 h 的 LineStyle(线型)属性值
    PV=                                       %属性值
        '-'                                   %线型属性值='-'(实线)
>> set(h,'LineStyle','--')                    %修改线型属性值为'--'(虚线)
>> hn=findobj('Color',[0 0.4470 0.7410])      %利用 Color(线色)属性,查找句柄
>> set(hn,'LineWidth',4)                      %修改线宽属性值为 4
```

程序运行结果如图 7-4 所示。

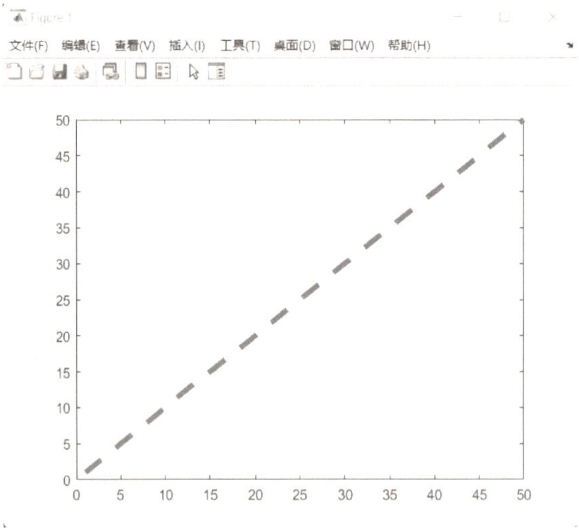

图 7-4　对直线属性的修改

继续在 MATLAB 命令行窗口输入以下命令，并观察图形窗口的变化。

```
>> delete(gca)                 %删除图形对象的坐标区
>> close                       %关闭单个图形窗口
```

7.2.2 组件浏览器

“设计工具”选项卡窗口右侧是“组件浏览器”。其上部分是组件属性名称，可以在此处修改为具有组件特征的属性名称；其下部分的“App”选项卡主要用来查看或设置组件属性参数，“回调”选项卡主要用来命名响应各种事件的回调函数。不同组件的属性列表不完全相同，但多数属性是通用的。

1. “App”选项卡

（1）“按钮”组件主要属性

1）组件名称（按钮）。

① Text：文本。在组件上显示组件名称，可修改为汉字名称。

② WordWrap：组件名称文字换行复选框。选中表示可换行输入多行文字。

③ HorizontalAlignment：图标和文本的水平对齐方式。

④ VerticalAlignment：图标和文本的垂直对齐方式。

⑤ Icon：预定义或自定义图标。可从计算机图库中选择图像文件。

⑥ IconAlignment：图标的对齐方式。

2）字体和颜色。

① FontName：设置文字的字体。属性值是一个字符串，设置时可选择下拉列表框里的字体，例如宋体、黑体等。

② FontSize：设置文字的字号，默认值是12.0。

③ FontWeight：设置文字的粗细。

④ FontAngle：设置斜体文字。

⑤ FontColor：设置字体的颜色，即组件上显示名称文本的颜色，默认值是黑色。通过颜色设置下拉列表框选择颜色。

⑥ BackgroundColor：设置组件的背景颜色，默认值是灰色。通过颜色设置下拉列表框选择颜色。

3）交互性。

① Visible：设置组件是否可见，选中表示可见。

② Enable：设置组件是否可用，选中表示可用。

③ Tooltip：显示提示信息，在右侧的输入框中输入一个字符串，运行后，当光标移到组件上时，就会显示输入的字符串。

④ ContextMenu：上下文菜单（或右键弹出式菜单）。单击右侧的下拉列表框，从中选择目前图形窗口中已有的上下文菜单名称，可将组件与该菜单联系起来，当用鼠标右键单击该组件时，就会弹出与之联系的上下文菜单。

4）位置。Position：定义组件在界面中的位置和大小，属性值是一个四元向量，分别表示组件对象的坐标、宽度和高度。

5）回调执行控制。

① Interruptible：定义当前的回调函数在执行时是否允许被中断。选中为允许。

② BusyAction：处理回调函数的中断。属性取值有两个选项：cancel表示取消中断事件，queue表示中断事件排队（默认设置）。

6）HandleVisibility：设置组件的对象句柄是否可见，默认为on（可见）。

7）Tag：对象标识符。属性取值是一个字符串，用于标记组件，以便在程序设计时找到该组件。在一个程序中，组件对象标识符的属性值是唯一的。

（2）其他常见属性

还有一些属性是“按钮”组件没有的，但对于其他组件是非常重要的属性。

1）Value：获取和设置组件对象的当前值。对于不同类型的组件对象，其意义和取值是不同的。

① 对于编辑字段（数值）、滑块、微调器、仪表、旋钮等组件对象，Value 属性值是数值；对于编辑字段（文本）、分段旋钮等组件对象，Value 属性值是字符串。

② 对于下拉列表框、列表框组件对象，Value 属性值是选中的成员名称字符串。

③ 对于复选框、单选按钮、状态按钮组件对象，当其处于选中状态时 Value 属性值是 true，当其处于未选中状态时 Value 属性值是 false。

④ 对于开关对象，当位于“On”时，Value 属性值是字符串 on；当位于“Off”时，Value 属性值是字符串 off。

2）Limits：获取和设置滑块、微调器、仪表、旋钮等组件对象的值域。其属性值是数组，其中 min 指定组件对象的最小值，max 指定组件对象的最大值。

2. “回调”选项卡

在“回调”选项卡中，有的组件没有回调属性（例如标签、单选按钮组的成员），有些可以添加一个或多个回调函数，使 App 响应用户的不同动作。回调函数是指在定义的事件发生时，将被自动调用执行的函数。下面介绍一些常用的回调函数。

1）ButtonDownFcn：用于定义鼠标在组件上单击或在距离组件 5 个像素范围内单击时执行的函数。其属性值是一个字符串，用来表示要执行的函数。

2）KeypressFcn：在键盘按键按下时执行的函数。

3）SizeChangedFcn：图形窗口大小改变时执行的函数。

4）WindowButtonDownFcn：在图形窗口中单击鼠标时执行的函数。

5）WindowButtonMotionFcn：在图形窗口中移动鼠标时执行的函数。

6）CreateFcn：用于定义创建组件时执行的回调函数。

7）DeleteFcn：用于定义删除组件时执行的回调函数。

7.2.3 演示界面的创建

7.2.3 演示界面的创建

1. 建立初始界面

1）单击 MATLAB“主页”选项卡中的“新建”→“App”菜单，打开“App 设计工具”窗口；再单击“空白 App”模板，弹出“App 设计工具-app1.mlapp”窗口。

2）按照设计题意，在窗口左侧组件库中，分别选中并拖动“坐标区”和 3 个“按钮”组件。

3）单击“设计工具”选项卡窗口的“保存”按钮，以文件名 Example7_2 存盘。

2. 设置组件属性

1）在组件浏览器上半部分的组件属性名称栏中，单击选中 app.UIAxes（坐标区）组件，在下半部分的“坐标区”选项卡中，将其 Title String（标题）属性改为“双峰函数图形”，FontSize（字号）选择 24。

2）再单击选中 app.Button（按钮）组件，在下半部分的“按钮”选项卡中，将其 Text 属性改为“绘制图形”，FontSize（字号）选择 18，其他属性不用修改。

3）将 app.Button_2 组件的 Text 属性改为“清除图形”，FontSize（字号）选择 18；将 app.Button_3 组件的 Text 属性改为“退出”，FontSize（字号）选择 18。

4）调整组件大小和位置，使用“画布”面板的功能按钮进行界面布局，布局后的设计界面如图 7-5 所示。

7.2.4 编写回调函数

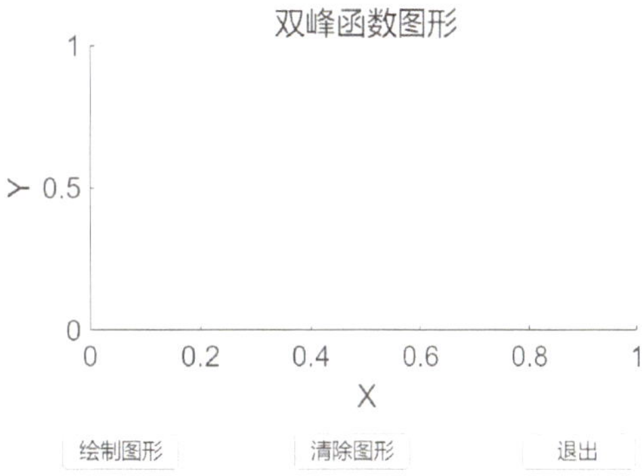

图 7-5 布局后的设计界面

设计完 App 布局后，可通过编写代码来对 App 的行为编程。单击“设计编辑区”上方的“代码视图”按钮，呈现出编辑代码的界面；有些不可编辑并显示在灰色背景上的代码，是 App 设计工具自动生成的，主要用于配置 App 外观，匹配在“画布”上看到的内容。在程序代码中白色背景处可以添加回调函数代码的位置，App 中具有回调函数的组件都有预留。

在设计视图中添加组件时，可以使用组件浏览器查看和修改组件的名称。App 设计工具会将该组件存储为一个对象，并使用“app. 组件名”的形式对其命名，例如：App 中“坐标区”组件对象的名称就是 app. UIAxes，使用 plot 函数绘制一条直线就是 plot（app. UIAxes，1:40）。App 设计工具自动将 app 这个对象作为回调函数的第一个参数进行传递，以支持访问组件及其属性。要从 App 代码中访问和更新组件属性，使用模式“app. 组件名 . 参数”，例如通过设置 app. UIAxes 对象的 YLim 属性来更改 y 轴的范围，可以使用：app. UIAxes. YLim = [-100 100]。

根据题意，3 个“按钮”组件需要添加回调函数，当按下按钮时，需要执行动作。在“绘制图形”按钮的回调函数中添加 peaks 函数，用来绘制双峰函数图形；在“清除图形”按钮的回调函数中添加 cla 函数，用来清除图形，可保留坐标轴；在“退出”按钮的回调函数中添加 close 函数，用来关闭单个图形。

1）“绘制图形”按钮回调函数。在组件浏览器上半部的组件属性名称栏中，单击其中的“按钮”组件，找到 Text 属性为“绘制图形”的组件，再单击“回调”选项卡，在出现的 ButtonPushedFcn（按钮按下后执行的函数）右侧“函数名称”文本框中输入“curve”。然后单击 [icon] 按钮，这时在代码视图中自动添加了回调函数名，并将光标定位在函数体内。输入的程序代码如下：

```
function curve(app,event)              %自动添加的回调函数名
  plot(app.UIAxes,peaks(55));          %peaks 是双峰函数
end
```

2）“清除图形”按钮回调函数。单击“按钮”组件，找到 Text 属性为“清除图形”的组件，单击“回调”选项卡，在出现的 ButtonPushedFcn 右侧“函数名称”文本框中输入“erase”，然后单击 [icon] 按钮。输入的程序代码如下：

```
function erase(app,event)
  cla(app.UIAxes)
end
```

3）“退出”按钮回调函数。单击“按钮”组件，找到 Text 属性为“退出”的组件，单击“回调”选项卡，在出现的 ButtonPushedFcn 右侧“函数名称”文本框中输入“exit”，然后单击 [icon] 按钮。输入的程序代码如下：

```
function exit(app,event)
  close(app.UIFigure)
end
```

单击“设计工具”选项卡窗口快捷按钮栏的“运行” ▷ 按钮或按下〈F5〉键，存盘并运行。弹出的窗口如图 7-6 所示。

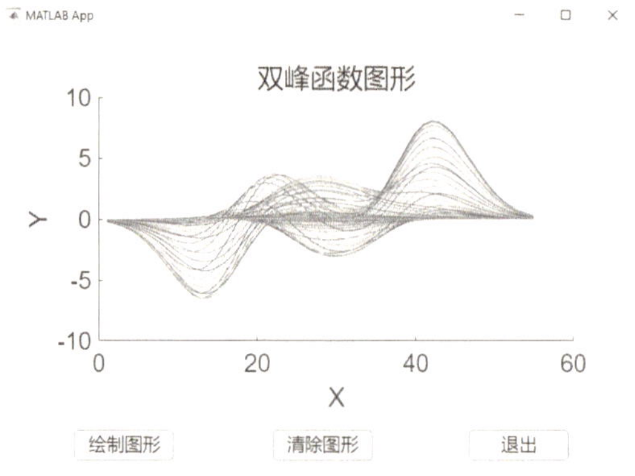

图 7-6　双峰函数图形演示界面

单击“绘制图形”按钮，观察绘制的图形；再单击“清除图形”按钮，观察变化；最后单击“退出”按钮。

7.3　对话框和菜单

7.3.1　对话框

对话框是信息显示和获取用户输入数据的图形界面对象，可以使应用程序界面友好、使用方便。MATLAB 提供两类对话框，一类是公用对话框，另一类是专用对话框。

1. 公用对话框

公用对话框包括打开文件、保存文件、颜色设置、字体设置、打印预览和打印设置等函数，这些函数均由 Windows 平台支持，如表 7-4 所示。

表 7-4　公用对话框函数

函数功能	函数格式	说明	用法举例
打开文件	fname = uigetfile	列出当前目录下 MATLAB 能识别的所有文件，fname 为返回选定的文件名	fname = uigetfile
	[F,P] = uigetfile('FilterSpec','DTitle')	列出当前目录下由参数 FilterSpec 指定类型的文件，DTitle 为打开对话框的标题。F 为返回的文件名，P 为文件路径。F、P 可默认	[F,P] = uigetfile('*.m','打开 M 文件')
保存文件	uiputfile('InitFile','DTitle')	显示用于保存文件的对话框，InitFile 为保存类型，DTitle 为对话框的标题	uiputfile('*.fig','保存图形文件')
颜色设置	uisetcolor(h,'DTitle')	设置图形对象的颜色。h 为图形对象句柄，DTitle 为打开的颜色对话框标题	h = title('坐标图形') uisetcolor(h,'设置标题颜色')
字体设置	uisetfont(h,'DTitle')	设置文本字符串、坐标轴或组件的字体。参数同颜色设置	h = title('坐标图形') uisetfont(h,'设置标题字体颜色')

（续）

函数功能	函数格式	说明	用法举例
打印预览	printpreview	当前图形窗口的打印预览对话框	plot(1:10) printpreview
打印设置	printdlg	当前图形窗口的打印对话框	printdlg

2. 专用对话框

MATLAB 提供的专用对话框主要有帮助、错误信息、信息提示、问题提示、警告信息、进程条和变量输入等函数，见表 7-5。

表 7-5 专用对话框函数

函数功能	函数格式	说明	用法举例
帮助	helpdlg('string','DTitle')	显示帮助信息对话框。参数 string 为字符串，参数 DTitle 为对话框标题	helpdlg('矩阵尺寸必须相同','在线帮助')
错误信息	errordlg('string','DTitle')	显示错误信息对话框。参数同帮助对话框	errordlg('输入错误','错误信息')
信息提示	msgbox('string','DTitle','icon')	显示信息提示对话框。参数 icon 用于指定图标，有 none（默认，无图标）、error_help、warn、custom（用户自定义）四种	msgbox('通过键盘输入','信息提示')
问题提示	questdlg('string','DTitle','str1','str2','str3','default')	显示问题提示对话框。参数 str1、str2、str3 代表三个按钮，default 必须是这三个按钮中的一个，表示默认选项	questdlg('继续运行吗？','问题提示','是','否','帮助','否')
警告信息	warndlg('string','DTitle')	显示警告信息对话框	warndlg ('清除内存？','警告')
进程条	waitbar(x,'DTitle')	以图形方式显示运算或处理的进程。参数 x 为进程的比例长度，必须在 0~1 之间；参数 DTitle 为进程条标题	waitbar(0.5,'请等待')
	waitbar(x,'h')	在同一进程条中，显示进程的变化。参数 h 为进程条的句柄。常用在循环语句中	参考【例 7-2】
变量输入	inputdlg (prompt, DTitle, line,def,'resize')	显示变量输入对话框。参数 prompt 定义输入窗口及显示信息，DTitle 为对话框标题，line 定义每个窗口的行数，def 为输入的数据，resize 定义对话框大小是否可调，可选 on 或 off	参考【例 7-3】

【例 7-2】 设计一个表现渐进过程的进程条，如图 7-7 所示。

图 7-7 进程条

程序如下：

```
clear
clc
h= waitbar(0,'正在计算,请等待...');      %h 为进程条的句柄
for i=1:1000
  waitbar(i/1000,h)
end
close(h)                              %关闭进程条
```

【例 7-3】 建立一个具有 3 个输入的学生注册信息对话框，如图 7-8 所示。

图 7-8 学生注册信息

程序如下：

```
clear
clc
prompt={'姓名','年龄','班级'};
DTitle='学生注册信息';
line=[1;1;1];
def={'艾迪','18','08122'};
info=inputdlg(prompt,DTitle,line ,def ,'on')
```

程序存盘运行后，显示图 7-8 所示对话框。如不修改对话框内容，单击“确定”按钮，在命令行窗口显示的运行结果如下：

```
info =
  3×1 cell 数组
    {'艾迪' }
    {'18'   }
    {'08122'}
```

7.3.2 下拉式菜单

7.3.2 下拉式菜单

创建一个能够绘制函数图形的下拉式菜单，包含“绘图”“编辑”“帮助”和“退出”4 个一级菜单，其中“绘图”菜单包含“正弦函数”“双峰函数”和“清除图形”3 个子菜单，“编辑”菜单包含“标题颜色”和“标题字体”2 个子菜单，“帮助”菜单包含“颜色设置”和“字体设置”2 个子菜单。

1. 建立初始界面

1）单击 MATLAB“主页”选项卡中的“新建”→“App”菜单，打开“App 设计工具”窗口；再单击“空白 App”模板，弹出“App 设计工具-app1. mlapp”窗口。

2）按照设计题意，在窗口左侧组件库中，分别选中并拖动“坐标区”和“菜单栏”组

件，其中“坐标区”组件用于显示绘制的函数图形。当“菜单栏”组件拖动到画布上时，出现带有“Menu”和“Menu2”2个菜单项的界面，如果需要建立同级菜单就单击其右侧的“+”号，要建立其子菜单就单击下方的“⊕”号。如果需要删除多余的菜单，可用右键单击要删除的菜单，从弹出的菜单中选择“删除”命令，即可删除该菜单。

3）单击“设计工具”选项卡窗口的“保存”按钮，以文件名Example7_3存盘。

2. 设置组件属性

在组件浏览器上半部分的组件属性名称栏中，单击选中app.Menu组件，在下半部分的Menu选项卡中，将其Text属性改为“绘图”，其他属性不用修改。同样，将其他菜单及其子菜单按照题意修改。下拉式菜单初始界面如图7-9所示。

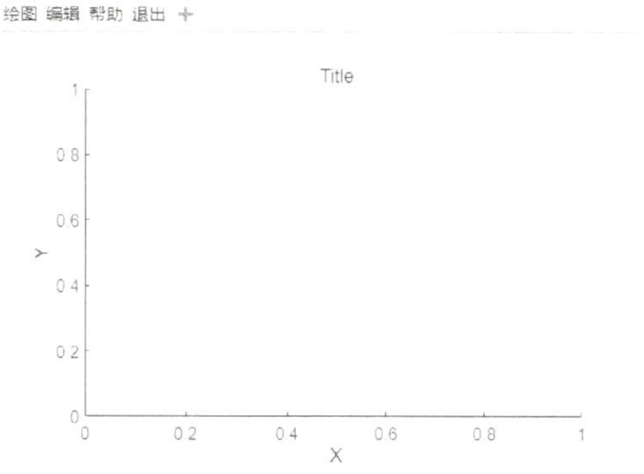

图7-9　下拉式菜单初始界面

3. 编写回调函数

需要给执行动作的菜单或子菜单添加回调函数，添加方法和“按钮”组件相同，先在组件浏览器上半部分的组件属性名称栏中选中菜单或子菜单，然后单击下半部分的“回调”选项卡，显示出该组件能够设置的全部回调函数（有的组件没有回调函数，有的组件有多个），根据题意，在适合的回调函数右侧“函数名称”文本框中输入自定义的函数名称（也可以单击文本框右侧的下拉箭头，从弹出的列表中选择已建立的回调函数），最后单击按钮，这时在代码视图中会自动添加回调函数名，并将光标定位在函数体内。

1）“正弦函数”子菜单回调函数。在组件浏览器上半部分的组件属性名称栏中，单击其中的菜单组件，找到Text属性为“正弦函数”的组件，再单击其“回调”选项卡，可在出现的MenuSelectedFcn（选定菜单时触发的回调）右侧“函数名称”文本框中输入“curve”，再单击按钮。在自动定位的函数体内，输入如下程序代码：

```
function curve(app,event)
  x=0:pi/50:20*pi;
  y=sin(x);
  plot(app.UIAxes,x,y);
  app.UIAxes.Title.String='正弦函数';    %设置坐标轴标题名称属性值
end
```

2）“双峰函数”子菜单回调函数。找到Text属性为“双峰函数”的组件，“函数名称”文本框中输入“peak60”，在自动定位的函数体内输入如下程序代码：

```
function peak60(app,event)
  plot(app.UIAxes,peaks(60));
  app.UIAxes.Title.String='双峰函数';    %设置坐标轴标题名称属性值
end
```

3）“清除图形”子菜单回调函数。找到Text属性为“清除图形”的组件，“函数名称”文本框中输入“erase”，在自动定位的函数体内输入如下程序代码：

```
function erase(app,event)
  cla(app.UIAxes);
End
```

4）“标题颜色”子菜单回调函数。找到 Text 属性为“标题颜色”的组件，“函数名称”文本框中输入“titcolor”，在自动定位的函数体内输入如下程序代码：

```
function titcolor( app,event)
  uisetcolor( app. UIAxes. Title,'标题颜色')；  %颜色设置对话框
end
```

5）“标题字体”子菜单回调函数。找到 Text 属性为“标题字体”的组件，“函数名称”文本框中输入“titfont”，在自动定位的函数体内输入如下程序代码：

```
unction titfont( app,event)
  uisetfont( app. UIAxes. Title,'标题字体')；  %字体设置对话框
end
```

6）“颜色设置”子菜单回调函数。找到 Text 属性为“颜色设置”的组件，“函数名称”文本框中输入“helpcolor”，在自动定位的函数体内输入如下程序代码：

```
function helpcolor( app,event)
  helpdlg('选择颜色后，单击【确定】按钮','在线帮助')  %帮助对话框
end
```

7）“字体设置”子菜单回调函数。找到 Text 属性为“字体设置”的组件，“函数名称”文本框中输入“helpfont”，在自动定位的函数体内输入如下程序代码：

```
function helpfont( app,event)
  helpdlg('选择字体和字号后，单击【确定】按钮','在线帮助')    %帮助对话框
end
```

8）“退出”菜单回调函数。找到 Text 属性为“退出”的组件，“函数名称”文本框中输入“exit”，在自动定位的函数体内输入如下程序代码：

```
function exit( app,event)
  close( app. UIFigure)；
end
```

回调函数设置完成后，单击“设计工具”选项卡窗口快捷按钮栏的“运行”按钮或按下〈F5〉键，存盘并运行。弹出的窗口如图 7-10 所示。

4. 删除回调函数

在“代码视图”窗口中，窗口左侧上半部分“代码浏览器”的“回调”选项卡内，右键单击要删除的回调函数，从弹出的菜单中选择“删除”命令，即可删除该函数，如图 7-11 所示。

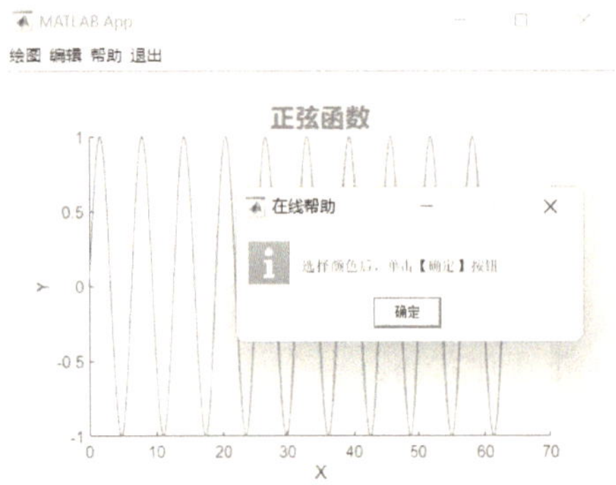

图 7-10 下拉式菜单运行界面

图 7-11 代码浏览器

5. 改写界面名称

为提高系统界面的可读性，开发完整个系统之后，可对界面默认标题进行更改。在组件浏览器上半部分的组件属性名称栏中，单击选中 app. UIFigure（图形）组件，单击下半部分的“UIFigure”选项卡，将其“标识符”选项组中的“Name”值从默认名“MATLAB App”改为“绘制函数图形”。再次运行，观察标题栏的变化。

7.3.3 上下文菜单

7.3.3
上下文菜单

上下文菜单也称为右键弹出式菜单，多数是用鼠标右键单击某个图形对象时，在图形窗口上弹出菜单，可从菜单中选择操作命令。

设计一个带有上下文菜单的正弦函数图形 App。在图形窗口标题上单击鼠标右键，弹出“绘制图形”菜单，单击后绘制正弦函数图形；在图形窗口空白处单击鼠标右键，弹出“设置线型”菜单和“设置线色”菜单，“设置线型”菜单包含“实线”“虚线”和“点画线”3个子菜单；“设置线色”菜单包含“红色”和“蓝色”两个子菜单。单击子菜单，能够修改正弦函数图形的相应参数。

1. 建立初始界面

1）单击 MATLAB“主页”选项卡中的“新建”→“App”菜单，打开“App 设计工具”窗口；再单击“空白 App”模板，弹出“App 设计工具-app1. mlapp”窗口。

2）按照设计题意，在窗口左侧组件库中，分别选中并拖动“坐标区”和“标签”组件，其中“坐标区”组件用于显示绘制的图形，“标签”组件用于编辑标题。

拖动“上下文菜单”组件到画布上，如果拖动的菜单在某个组件上停留后松开鼠标，则建立的菜单与该组件关联；如果拖动的菜单没有在任何组件上停留，则与图形窗口关联，但图形窗口只能关联一个菜单，其他的菜单需要指定其关联组件。指定时，先选择组件，然后在该组件“交互性”属性中的 ContextMenu 属性列表框中选择已创建的上下文菜单。

拖动到画布上的菜单，会出现带有 Menu 和 Menu2 两个菜单项的界面，需要建立同级菜单就单击其右侧的“⊕”号，要建立其子菜单就单击其下方的“⊕”号。要删除多余的菜单，可选中后单击鼠标右键，从弹出的菜单中选择“删除”。

3）单击“设计工具”选项卡窗口的“保存”按钮，以文件名 Example7_4 存盘。

2. 设置组件属性

在组件浏览器上半部分的组件属性名称栏中，单击选中 app. Menu 组件，在下半部分的 Menu 选项卡中，将其 Text 属性改为“线型”，其他属性不用修改。同样，按照题意修改其他菜单及其子菜单。上下文菜单初始界面如图 7-12 所示。

图 7-12　上下文菜单初始界面

3. 编写回调函数

1）“绘制图形”菜单回调函数。在组件浏览器上半部分的组件属性名称栏中，单击其中的菜单组件，找到 Text 属性为“绘制图形”的组件，然后单击“回调”选项卡，可在出现的 MenuSelectedFcn（选定菜单时触发的回调）右侧“函数名称”文本框中输入“curse”，再单击按钮。在自动定位的函数体内，输入如下程序代码：

```
function curse(app,event)
  plot(app.UIAxes,sin(0:0.01:10));
end
```

2）“实线”子菜单回调函数。找到 Text 属性为“实线”的组件，单击“回调”选项卡，可在出现的 MenuSelectedFcn 右侧“函数名称”文本框中输入“solid”，在自动定位的函数体内，输入如下程序代码：

```
function solid(app,event)
    app.UIAxes.LineStyleOrder='-';
end
```

同理，在“虚线”子菜单回调函数的“函数名称”文本框中输入“dashed”，输入如下程序代码：

```
function dashed(app,event)
    app.UIAxes.LineStyleOrder='--';
End
```

在“点画线”子菜单回调函数的“函数名称”文本框中输入“chain”，输入如下程序代码：

```
function chain(app,event)
    app.UIAxes.LineStyleOrder='-.';
end
```

3）“红色”子菜单回调函数。找到 Text 属性为“红色”的组件，单击“回调”选项卡，可在出现的 MenuSelectedFcn 右侧“函数名称”文本框中输入“red”，在自动定位的函数体内，输入如下程序代码：

```
function red(app,event)
    app.UIAxes.ColorOrder=[1 0 0];      %颜色顺序[1 0 0]为红色
end
```

同理，在“蓝色”子菜单回调函数的“函数名称”文本框中输入“blue”，输入如下程序代码：

```
function blue(app,event)
    app.UIAxes.ColorOrder=[0 0 1];      %颜色顺序[0 0 1]为蓝色
end
```

回调函数设置完成后，单击“设计工具”选项卡快捷按钮栏的“运行”按钮或按下〈F5〉键，存盘并运行。上下文菜单运行界面如图 7-13 所示。

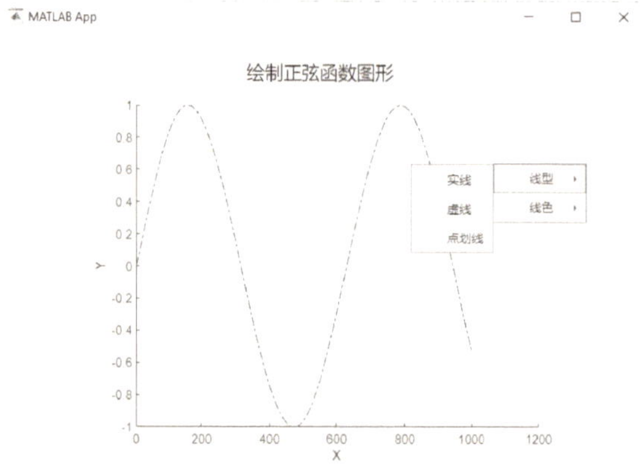

图 7-13　上下文菜单运行界面

7.4　实训 App 界面设计

7.4.1　跟我学

【例 7-4】　设计一个如图 7-14 所示的 App 滑动界面，在数字框中输入 0～100 的数字，标记块就能够移动到相应位置。

（1）题意分析

【例7-4】
文本框控制
滑块

显示标记块位置的数字输入框使用“编辑字段（数字）”组件实现，通过键盘输入的数字保存在其 Value 属性中；“标记块位置”标题使用“标签”组件实现，在文本框的 String 属性中输入相应文字；“滑块”组件的标记块的位置由其 Value 属性决定，Value 属性的取值范围由 Max 和 Min 确定。

（2）设计过程

1）建立初始界面。单击 MATLAB“主页”选项卡中的“新建”→“App”菜单，打开“App 设计工具”窗口；再单击“空白 App”模板，弹出“App 设计工具-app1. mlapp”窗口。按照设计题意，在窗口左侧组件库中，分别选中并拖动“编辑字段（数字）”“滑块”和“标签”组件到画布上。单击“设计工具”选项卡的“保存”按钮，以文件名 Example7_5 存盘。

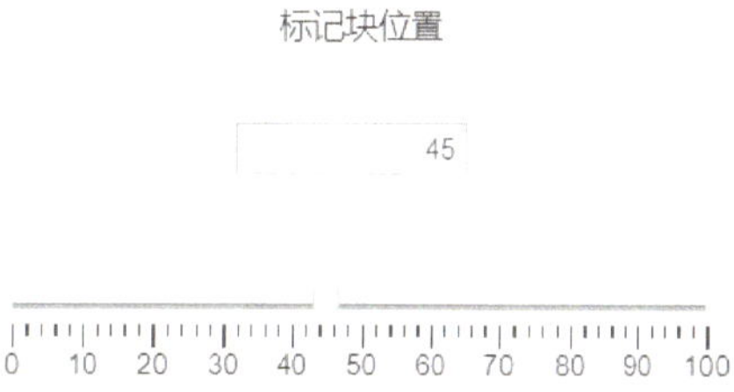

图 7-14　滑块界面

2）设置组件属性。在组件浏览器上半部分的组件属性名称栏中，单击选中 app. Label 组件，在下半部分的“文本”选项卡中，将其 Text 属性改为“标记块位置”，其他属性不用修改；单击选中 app. EditField 组件，在下半部分的“编辑字段（数值）”选项卡中，将其“标签”属性中的 EditField 删除，即不显示组件名，其他属性不用修改。

3）编写回调函数。在组件浏览器上半部分的组件属性名称栏中，单击其中的 app. EditField 组件，再单击其“回调”选项卡，可在出现的 ValueChangedFcn（数值改变时触发的回调）右侧“函数名称”文本框中输入“position”，定义函数名称，单击按钮。在自动定位的函数体内，输入如下程序代码：

```
Function position(app,event)
  Digit= app. EditField. Value;        %获得“编辑字段(数值)”组件的输入值
  app. Slider. Value=Digit;            %设置滑块 Value 属性参数,改变标记块位置
end
```

（3）运行验证

单击“设计工具”选项卡快捷按钮栏的“运行”按钮或按下〈F5〉键，存盘并运行。在文本框中输入数字，按〈Enter〉键后观察标记块位置。

【例7-5】
带有菜单的
App

【例 7-5】　设计一个带有绘图、操作和退出菜单的 App 界面。其中“绘图”菜单中有“正弦曲线”和“余弦曲线”两个子菜单，分别控制在图形窗口画出正弦和余弦曲线；“操作”菜单中有“添加网格”和“清除网

格”两个子菜单，用于添加和清除网格；单击“退出”菜单时，会出现一个问题提示对话框，有“是”“否”两个按钮，单击“是”按钮退出系统，单击“否”按钮不进行任何操作。

（1）题意分析

利用“菜单栏”组件建立菜单及其子菜单，菜单功能通过回调函数实现，网格使用 grid 函数，问题提示对话框使用 questdlg 函数在“退出”菜单的回调函数中实现。

（2）设计过程

1）建立初始界面。单击 MATLAB“主页”选项卡中的“新建”→“App”菜单，打开“App 设计工具”窗口；再单击“空白 App”模板，弹出“App 设计工具-app1. mlapp”窗口。在窗口左侧组件库中，分别选中并拖动“坐标区”和“菜单栏”组件，其中“坐标区”组件用于显示绘制的图形。按照题意要求建立菜单后，单击“设计工具”选项卡的“保存”按钮，以文件名 Example7_6 存盘。

2）设置组件属性。在组件浏览器上半部分的组件属性名称栏中，单击选中 app. UIAxes 组件，在下半部分的“坐标区”选项卡中，将其 TitleString 属性改为“函数曲线”，FontSize 属性改为 18，其他属性不用修改。单击选中 App. Menu 组件，将其 Text 属性改为“绘图”，其他属性不用修改。同样，将其他菜单及其子菜单按照题意进行修改。带有菜单的 App 初始界面如图 7-15 所示。

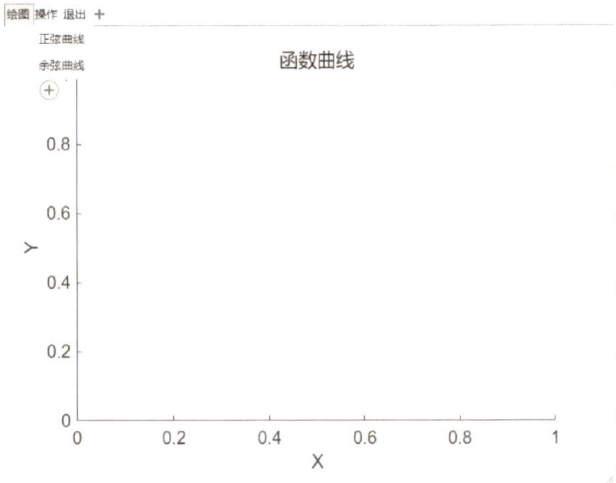

图 7-15　带有菜单的 App 初始界面

（3）编写回调函数

1）“正弦曲线”子菜单回调函数。在组件浏览器上半部分的组件属性名称栏中，单击其中的菜单组件，找到 Text 属性为“正弦曲线”的组件，再单击“回调”选项卡，可在出现的 MenuSelectedFcn（选定菜单时触发的回调）右侧“函数名称”文本框中输入“cursin”，然后单击 ⇨ 按钮。在自动定位的函数体内，输入如下程序代码：

```
function cursin(app,event)
    x=0:0.01:4*pi;
    y=sin(x);
    plot(app.UIAxes,y);
end
```

2）“余弦曲线”子菜单回调函数。找到 Text 属性为“余弦曲线”的组件，单击“回调”选项卡，在“函数名称”文本框中输入“curcos”，在自动定位的函数体内输入如下程序代码：

```
function curcos(app,event)
    x=0:0.01:4*pi;
    y=cos(x);
    plot(app.UIAxes,y);
end
```

3）“添加网格”子菜单回调函数。找到 Text 属性为“添加网格”的组件，在“函数名称”文本框中输入“addgrid”，在自动定位的函数体内输入如下程序代码：

```
function addgrid(app,event)
  grid(app.UIAxes,'on');
end
```

4）“删除网格”子菜单回调函数。找到Text属性为“删除网格”的组件，在“函数名称”文本框中输入“delgrid”，在自动定位的函数体内输入如下程序代码：

```
function delgrid(app,event)
  grid(app.UIAxes,'off');
end
```

5）“退出”菜单回调函数。找到Text属性为“退出”的组件，在“函数名称”文本框中输入“exitfig”，在自动定位的函数体内输入如下程序代码：

```
function exitfig(app,event)
  g=questdlg('关闭图形,退出系统吗？','问题提示','是','否','否');
    if g=='是'
      close(app.UIFigure);
    end
end
```

（4）运行验证

单击“设计工具”选项卡快捷按钮栏的“运行”▷按钮或按下〈F5〉键，存盘并运行。先单击“绘图”→“余弦曲线”菜单，坐标轴中出现余弦曲线；接着单击“操作”→“添加网格”菜单，图形中出现网格；再单击“退出”菜单，运行结果如图7-16所示。

如果单击“问题提示”对话框的“否”按钮，则保持界面，可试试其他菜单操作；如果单击“问题提示”对话框的“是”按钮，则退出App。

【例7-6】带有列表框的App

【例7-6】设计如图7-17所示的App界面，在列表框中选择函数类型（默认是正弦函数）后，单击“绘制图形”按钮，绘制出函数曲线，单击“清除图形”按钮，清除曲线，但保留坐标轴。

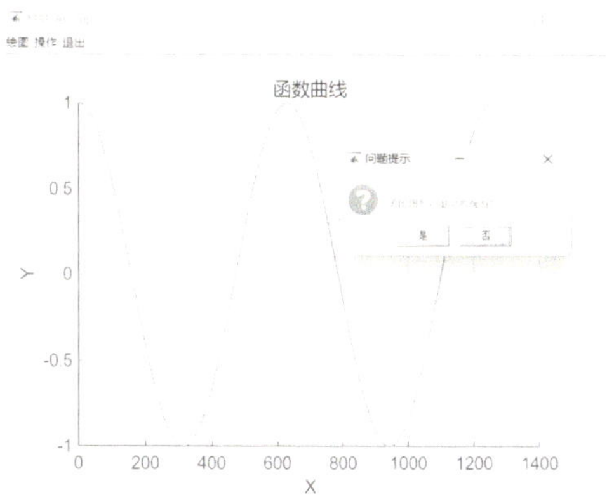

图7-16 带有菜单的App运行界面

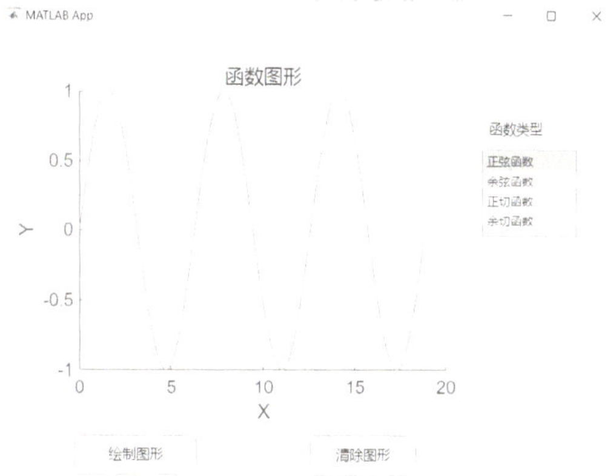

图7-17 带有列表框的App界面

（1）题意分析

使用“列表框”组件实现函数选择，在“列表框”的String属性中输入4个函数名称，如果选择第一个函数（正弦函数），列表框的 Value 属性为字符串“正弦函数”，如果选择第二个函数（余弦函数），列表框的 Value 属性为字符串“余弦函数”，以此类推。通过对列表框 Value 属性值的检测，就可知道选择的函数。

（2）设计过程

1）建立初始界面。单击 MATLAB“主页”选项卡中的“新建”→“App”菜单，打开“App 设计工具”窗口；再单击“空白 App”模板，弹出“App 设计工具-app1. mlapp”窗口。按照设计题意，在窗口左侧组件库中，分别选中并拖动“按钮”“坐标区”“标签”和“列表框”组件到画布上。单击选中“列表框”组件的 ListBox 后，按〈Delete〉键删除组件名。单击“设计工具”选项卡的“保存”按钮，以文件名 Example7_7 存盘。

2）设置组件属性。在组件浏览器上半部分的组件属性名称栏中，单击选中 app. UIAxes 组件，在下半部分的“坐标区”选项卡中，将其 TitleString 属性改为“函数图形”，FontSize 属性改为 18，其他属性不用修改。单击选中 app. Label 组件，在下半部分的“文本”选项卡中，将其 Text 属性改为“函数类型”，FontSize 属性改为 14，其他属性不用修改。单击选中 app. ListBox 组件，在下半部分的“列表框”选项卡中，将其 Items 属性改为“正弦函数，余弦函数，正切函数，余切函数”，将其 Value 属性改为“正弦函数”，其他属性不用修改。最后，将两个“按钮”组件的 Text 属性分别改为“绘制图形”和“清除图形”，FontSize 属性改为 14，其他属性不用修改。

3）排列组件。选中两个组件，使用几何位置排列工具，按照图 7-17 所示排列。

注意：对垂直和水平位置同时排列，会造成组件重叠。

4）编写回调函数。在组件浏览器上半部分的组件属性名称栏中，单击其中的按钮组件，找到 Text 属性为“绘制图形”的组件，再单击“回调”选项卡，可在出现的 ButtonPushedFcn 右侧“函数名称”文本框中输入“curse”，单击 按钮。在自动定位的函数体内，输入如下程序代码：

```
function curse(app,event)
  x=0.01:0.01:6*pi;
  h=app.ListBox.Value;
  switch h
    case "正弦函数"
    y=sin(x);          %绘制正弦曲线
    case "余弦函数"
    y=cos(x);          %绘制余弦曲线
    case "正切函数"
    y=tan(x);          %绘制正切曲线
    case "余切函数"
    y=cot(x);          %绘制余切曲线
  end
  plot(app.UIAxes,x,y);
End
```

单击按钮组件，找到 Text 属性为“清除图形”的组件，单击“回调”选项卡，可在出现的 ButtonPushedFcn 右侧“函数名称”文本框中输入“erase”定义函数名称，单击 按钮。在自动定位的函数体内，输入如下程序代码：

```
function erase(app,event)
  cla(app.UIAxes);
End
```

(3) 运行验证

单击“设计工具”选项卡快捷按钮栏的“运行” ▷ 按钮或按下〈F5〉键，存盘并运行。按照题意，验证 App 功能。

7.4.2 自己练

1. 设计如图 7-18 所示显示滑块标记块位置的 App 界面。移动标记块时，标记块所处位置能够显示在数字框中。

2. 设计一个 App 界面，包含一个坐标轴和三个按钮，单击第一个按钮绘制函数 $y=\sin(x^2)\mathrm{e}^{-x}$ 的图形；单击第二个按钮，为图形添加网格；单击第三个按钮，清除网格。

3. 建立一个带有下拉式菜单的 App 界面，其中“绘图”菜单用于绘制函数 $y=2\sin(5x)\cos(x)$ 的图形，“操作”菜单包含“颜色”和“线型”两个子菜单，分别用以控制图形曲线的颜色和线型。

4. 建立如图 7-19 所示的正弦函数图形演示 App 界面。单击“绘图”按钮，绘制正弦曲线；能够利用单选按钮选择曲线的颜色和线型；单击“清除”按钮，清除曲线，保留坐标轴；单击“退出”按钮，退出 App。

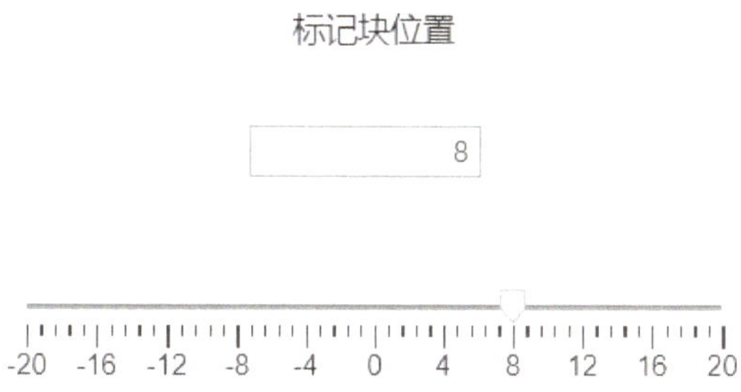

图 7-18 显示滑块标记块位置的 App 界面

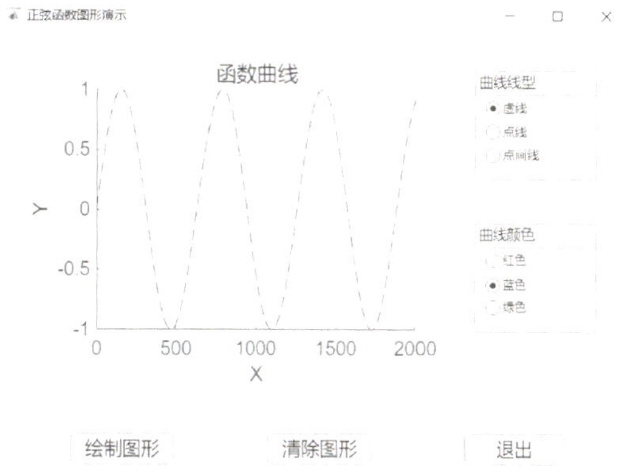

图 7-19 正弦函数图形演示 App 界面

7.5 熊庆来——近代数学的奠基人之一

熊庆来（1893—1969），中国数学家、教育家，中国现代数学先驱、中国函数论的主要开拓者之一。

熊庆来主要从事函数论方面的研究工作。熊庆来引进的无穷级定义被称为“熊氏无穷级”，成为以后研究无穷级整函数与亚纯函数的得力工具；在正规族理论中，他从相应的基本不等式出发，消去余项中的所谓原始值，从而建立相应的正规定则，卓有成效地解决了海曼教授搜集与提出的全纯和亚纯函数的新正规定则方面的大部分问题。

熊庆来热爱教育事业，为培养中国的科学人才做出了卓越的贡献。他爱惜和培养人才的高尚品格，深受人们的赞扬和敬佩。

7.6 习题

1. App 设计工具提供了哪些组件？各有什么用途？

2. 什么是图形句柄？图形句柄有什么用途？如何设置和获取指定句柄对象的属性值？

3. 回调函数的用途是什么？

4. 设计一个包含坐标轴和滑块的 App 界面，通过调节滑块标记块位置可以画出不同频率的正弦波。

5. 创建一个带有下拉式菜单，能够绘制随机数据分布图形的 App 界面，包含“正态分布”“均匀分布”和“退出”三个一级菜单。其中“正态分布”和“均匀分布”菜单都包含“连线图”“条形图”和“概率分布图”三个子菜单；“退出”菜单包含“清除图形”和“退出界面”两个子菜单。随机数据分布图形的 App 界面如图 7-20 所示。

6. 使用状态按钮设计 App 界面。按钮显示“绘制图形”时，按下按钮，绘制正弦曲线，按钮显示变为“清除图形”，再按下按钮，清除绘制的图形但保留坐标轴，按钮显示变为“绘制图形”。在图形窗口空白区单击鼠标右键，弹出上下文菜单，选择弹出的菜单项，能够分别绘制“余弦函数”“正切函数”和“余切函数”图形。带有状态按钮的 App 界面如图 7-21 所示。

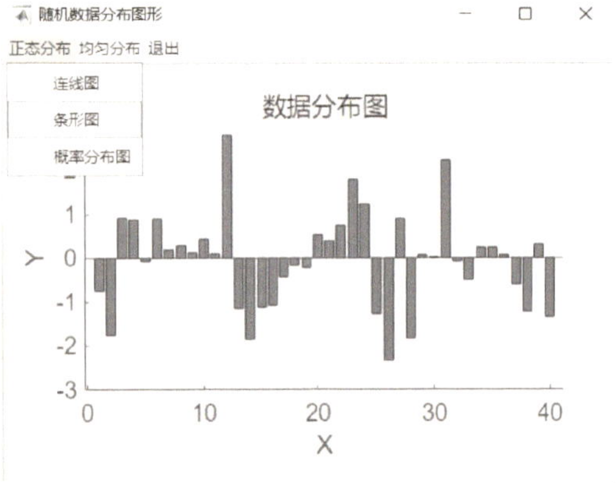

图 7-20 随机数据分布图形的 App 界面

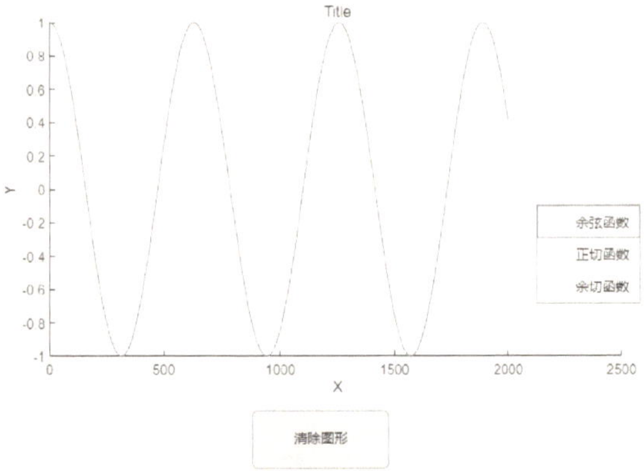

图 7-21 带有状态按钮的 App 界面

7. 设计如图 7-22 所示的 App 界面。在幅值、频率输入框中输入数值后，单击“绘制图形”按钮，绘制出正弦曲线；单击“清除图形”按钮，清除曲线，保留坐标轴。如果输入的幅值或频率值为 0，单击“绘制图形”按钮时，弹出“在线帮助”对话框。

图 7-22 带有按钮和文本框的 App 界面

第8章 MATLAB综合实训

本章要点

- 数字图像的几何操作
- 数字图像增强
- 图像置乱与恢复
- 数字水印算法的实现

8.1 数字图像的几何操作

8.1 数字图像的几何操作

图像本身是一种二维连续函数，图像的亮度是其空间位置的函数。对模拟图像的空间和亮度进行数字化就得到数字图像，数字图像可以用一个矩阵表示。图像处理是指利用数字技术，对图像施加运算或处理，从而达到某种预想的目的。

1. 项目要求

（1）图像的文件操作

图像的文件操作是将不同格式的数字图像读入 MATLAB 工作空间，能够正确显示图像，并能够按照指定格式保存图像文件。

（2）图像的剪裁操作

图像的剪裁操作是能够将图像剪裁成指定尺寸，能够拖动鼠标选择剪裁区域。

（3）图像的大小调整

图像的大小调整是输入参数，能够使图像放大、缩小及拉伸。

（4）图像的旋转

图像的旋转是输入参数，能够使图像按指定角度、指定方向旋转。

（5）图像的插值操作

图像的插值操作是在两个图像元素间进行插值，实现对图像的扩展，使图像在视觉上更加细腻。

（6）拓展要求

拓展要求是实现图像几何操作的图形用户界面设计，包括“文件操作”“剪裁”“调整”“旋转”和“插值”等基本功能。

2. 实施步骤

1）讨论、研究项目要求，明确项目内容。

2）学习项目设计提示，练习相关函数的用法。

3）编写程序，实现项目功能。

4）App 应用的设计与实现。

5）项目演示。

3. 项目设计提示

项目所用图像既可以是数码相机或摄像头拍摄的数字图像，也可以直接使用 MATLAB 图像工具箱提供的图像。常用图像处理函数如表 8-1 所示。

表 8-1 常用图像处理函数

函数功能	函数格式	说明	用法举例
装入图像	load 文件名	将以 .mat 为扩展名的图像文件直接装入工作空间，赋值给变量 X，数据类型为 double	load woman load wbarb
读入图像	A = imread('文件名','图像格式')	从图像文件中读入图像数据装到变量 A 中。图像格式包括 .bmp、.tif、.jpg、.png 等	A = imread('pout','tif')
	A = imread('文件名 . 扩展名')		B = imread('tire. tif')
图像显示	imshow(图像变量名)	显示数据类型为 uint8 的灰度图像	imshow(A)
	imshow(图像变量名,map)	显示数据类型为 double 的索引图像。map 为颜色图	imshow(X,map)
图像剪裁	变量名 = imcrop(图像变量名)	交互式剪裁。拖动鼠标选定剪裁区域	I = imcrop(A)
	变量名 = imcrop(图像变量名,[x y w h])	非交互式剪裁。x 和 y 为剪裁起点；w 为宽度、h 为高度	I = imcrop(A,[30 60 100 80])
图像大小调整	变量名 = imresize(图像变量名,调整系数,'参数')	比例调整。调整系数为“放大”或“缩小”的倍数；参数表示插值方法，包括 nearest(默认)、bilinear、bicubic 等	I = imresize(A,2,'bilinear')
	变量名 = imresize(图像变量名,[m n],'参数')	拉伸调整。得到尺寸为 m×n 的图像，参数表示插值方法	I = imresize(A,[200 150],'bilinear')
图像旋转	变量名 = imrotate(图像变量名,角度,'参数')	角度为正时，逆时针旋转；角度为负时，顺时针旋转。参数表示插值方法	I = imrotate(A,15,'bicubic')
	变量名 = imrotate(图像变量名,角度,'参数','crop')	crop 可以将旋转后超出原图像的部分剪裁掉，得到与原图像大小相同的部分	I = imrotate(A,-2,'bilinear','crop')
图像插值	变量名 = interp2(图像变量名,n,'参数')	n 为插值次数。每插值一次，在两个元素间插入一个点。参数表示插值方法	I = interp2(A,2,'bicubic')

注：本表中仅列出函数的部分用法，详细用法可利用 help 获得。

【例 8-1】 对一幅图像进行剪裁、放大两倍和旋转 15°的处理。

```
clear
clc
X=imread('cameraman.tif');              %调入原图像
subplot(221);
imshow(X); title('原图像');              %显示原图像
X1=imcrop(X,[60 40 100 90]);            %[60 40 100 90]为剪裁区域
subplot(222);
imshow(X1); title('原图像剪裁块');
```

```
X2=imresize(X,2,'bilinear');                    %参数 bilinear 为双线性插值
subplot(223);
imshow(X2); title('拉伸调整的原图像');
X3=imrotate(X,15,'bilinear','crop');            %参数 crop 为返回同样大小的图像
subplot(224);
imshow(X3); title('旋转的原图像');
```

程序运行结果如图 8-1 所示。

图 8-1 图像几何操作

a）原图像 b）原图像剪裁块 c）拉伸调整的原图像 d）旋转的原图像

4. 项目评价

项目评价是在教师的主持下，通过项目负责人的讲解和演示，评估项目的完成情况。评价内容如下：

1）图像的视觉效果。

2）处理图像与原始图像之间的偏离程度。

3）App 应用是否友好。

8.2 数字图像增强

8.2 数字图像增强

图像增强就是对图像进行加工，以得到对具体应用来说视觉效果更“好”、更“有用”的图像。

1. 项目要求

（1）图像测试

图像测试是测试教师提供的数字灰度图像，得到图像均值和灰度值的概率分布图，并与图像的视觉效果进行比较。

(2) 图像添加噪声

图像添加噪声是为了得到质量降低的图像，主动给图像加入噪声信号。

(3) 图像的对比度调整

图像的对比度调整是编写程序，该程序能够调整图像的对比度，使图像过亮的区域暗一点、过暗的区域亮一点。

(4) 图像求反

图像求反是将图像灰度值翻转，即黑变白、白变黑，得到原图像的底片。

(5) 图像平滑

图像平滑是通过对图像的平滑处理，能够滤除图像中的噪声。

(6) 拓展要求

拓展要求是实现图像增强操作的 App 应用设计，包括“图像测试”“添加噪声”“对比度调整”“图像求反”和“图像平滑”等基本功能。

2. 实施步骤

1) 讨论、研究项目要求，明确项目内容。

2) 学习项目设计提示，分析算法。

3) 仿真算法，完成项目。

4) 项目演示、讲解设计方案，完成项目评价。

3. 项目设计提示

本项目可以利用图像处理工具箱提供的函数来实现，也可以利用学过的函数，通过编程来实现。为提高程序设计能力，建议通过编程来实现。针对项目要求，可参考的算法如下。

(1) 图像测试

图像测试是先将教师提供的图像读入工作空间，记下图像尺寸和数据类型，利用 hist 函数绘制概率分布图（注意横坐标的数值范围和步长），使用统计函数 mean 计算图像均值。

(2) 图像添加噪声

图像添加噪声是噪声信号可以由随机矩阵函数实现，直接与图像相加即可，注意相加后的值不要超过图像的数据范围，也不要小于 0；如果加噪声的效果不明显，可增大随机矩阵的元素数值，例如乘以一个大于 1 的系数。

(3) 图像的对比度调整

图像的对比度调整是先将图像数据按照数值范围分段，例如分成 3 段；数值高的段，对应图像亮的地方，乘以一个小于 1 的系数；数值低的段，对应图像暗的地方，乘以一个大于 1 的系数；中间段可不做调整。系数的大小由视觉效果决定。

(4) 图像求反

图像求反是用 255 减图像的每个元素即可。255 为 8 位灰度图像的元素最大值，对应白色；0 对应黑色。

(5) 图像平滑

图像平滑是将图像中除 4 个边（第 1 行、末行、第 1 列、末列）的元素外，每个元素都用其 8 邻域与其自身相加之和的平均值代替，这种平滑方法称为均值滤波；如果是用这 9 个元素的中间值代替，这种平滑方法就称为中值滤波。元素的 8 邻域指在该元素上、下、左、右、对角和反对角位置上的 8 个元素。

【例 8-2】 使用均值滤波方法使图像平滑。

```
clear
clc
I=imread('cameraman.tif');                              %读入图像,I 为 uint8 类型
```

```
subplot(131);
imshow(I); title('原图像');
A=round(randn(256,256)*15);                    %随机矩阵放大 15 倍,生成噪声
I1=I+uint8(A);                                 %加入噪声,A 由 double 转为 uint8
subplot(132);
imshow(I1); title('加噪声后的图像');
I2=double(I1);
for i=2:255
    for j=2:255
        temp=0;
        for m=1:3                              %均值滤波
            for n=1:3
                temp=temp+I2(i+m-2,j+n-2);
            end
        end
        I2(i,j)=round(temp/9);
    end
end
subplot(133);
imshow(uint8(I2)); title('平滑操作后的图像');
```

运行程序，图像的平滑处理效果如图 8-2 所示。

a)　　　　b)　　　　c)

图 8-2　图像的平滑处理效果

a）原图像　b）加噪声后的图像　c）平滑操作后的图像

4. 项目评价

图像处理的效果与图像本身有关，不同的图像对同一种算法会有不同的表现。评价时，需要处理多幅特点不同的图像，对处理效果进行综合评价，可从以下几个方面评价。

（1）主观评价

主观评价是观察图像处理的视觉效果，综合多个观察者的评价意见。

（2）算法评价

算法评价是主要评价算法是否正确、实现功能是否符合项目要求、有无功能扩展、程序可读性如何、算法是否简练、编写是否规范、程序运行效率如何等方面。

（3）演示过程评价

演示过程评价是主要评价演示效果如何、对算法理解程度如何、回答问题是否准确、语言是否流畅等方面。

8.3 数字图像置乱

8.3 数字图像置乱

图像置乱是对图像元素的位置按照某种规律（密钥）重新排列，以达到隐藏图像真实内容的目的，置乱后的图像可以根据同样的规律（密钥）恢复。

1. 项目要求

（1）图像的客观评价

由于图像的主观评价受到图像内容、评价人等因素的影响，可靠性和可重复性较差，因此需要采用客观评价指标。图像的常用客观评价指标有峰值信噪比和相关系数，可编写函数文件实现这两个指标。

（2）图像置乱

对教师提供的数字灰度图像进行置乱操作，保存密钥，置乱图像与原图像的相关系数要小于0.1，并与原图像在视觉效果上进行比较。

（3）置乱图像恢复

利用置乱密钥和置乱后的图像恢复出原图像，恢复后的图像与原图像的相关系数要大于0.9，并与原图像在视觉效果上没有区别。

2. 实施步骤

1）讨论和研究项目要求，明确项目内容。

2）学习项目设计提示，分析算法。

3）仿真算法，讨论、评价和修改算法，并确定一个项目实现方案。

4）实现方案，完成项目。

5）撰写项目报告。

6）项目演示、讲解设计方案，完成项目评价。

3. 项目设计提示

（1）图像的客观评价

相关系数可以使用二维相关函数 corr2 实现，峰值信噪比的计算公式见式（8-1）。

$$\mathrm{PSNR} = 10\log_{10}\left(\frac{M\cdot N\cdot \max(f^2(x,y))}{\sum_{x=0}^{M-1}\sum_{y=0}^{N-1}\left(f(x,y)-f'(x,y)\right)^2}\right) \tag{8-1}$$

式中 $f(x,y)$——大小为 MN 的原图像。

$f'(x,y)$——处理后的图像。

（2）图像置乱

方案一：类似于扑克洗牌。将图像的全部偶数行提出，构成图像1，再提出全部奇数行构成图像2，连接图像1和图像2，构成与原图像同样尺寸的新图像；对新图像的列进行同样的操作。重复 n 次，满足要求即可，n 为密钥。例如1、2、3、4、5、6、7、8代表图像行号，重排1次变为2、4、6、8、1、3、5、7，重排2次变为4、8、3、7、2、6、1、5。注意：并非重排的次数越多越好，上例的8行重排6次就还原了。

方案二：先将图像变成单列矩阵A，使每一个图像元素都有一个唯一的地址（单列矩阵的行号），再利用 randperm（随机排列整数矩阵）函数生成一个同样长度的单列矩阵B，该矩阵与原图像的尺寸信息作为密钥保存；建立一个与A、B等长的单列矩阵C，C中存放以矩阵B的元素值为地址的矩阵A的元素。例如A(1)= 162、A(2)= 79、A(3)= 196，B(1)= 2、B(2)= 3、B(3)= 1，则C(1)= 79、C(2)= 196、C(3)= 162，排列规律为C(i)= A(B(i))，i

为行号；最后将单列矩阵 C 恢复成与原图像尺寸相同的矩阵，就得到置乱后的图像。

(3) 置乱图像恢复

需要知道置乱密钥和置乱方案才能恢复出原图像，用不同方案置乱的图像需要用相应的算法恢复。

在程序设计中需要注意数据的类型，必要时可强制数据类型转换。

【例 8-3】 图像置乱算法（方案二）。

```
clear
clc
X=imread('cameraman.tif');
subplot(121)
imshow(X)
title('原图像')                          %显示原图像

A=X(:);
B=randperm(65536);                      %生成随机排列整数矩阵,作为置乱密钥
C=zeros(65536,1);
for i=1:65536
    C(i)=A(B(i));                       %置乱,用密钥重新排列图像矩阵
end

D=zeros(256);
k=1;
for i=1:256                             %将单列矩阵转换成与原图像同样尺寸的矩阵
    for j=1:256
        D(j,i)=C(k);
        k=k+1;
    end
end
subplot(122)
imshow(uint8(D))                        %uint8(D)强制转换 D 的数据格式
title('置乱后的图像')

imwrite(uint8(D),'d:\image.bmp','bmp')   %保存置乱后的图像
fid=fopen('d:\test.bin','wb')            %保存密钥
fwrite(fid,B,'double')
fclose(fid)
```

运行程序，图像置乱效果如图 8-3 所示。

a)

b)

图 8-3 图像置乱效果

a）原图像 b）置乱后的图像

【例 8-4】 方案二的图像恢复程序。

8.3 数字图像置乱——恢复

```
clear
clc
RD=imread('d:\image.bmp','bmp');      %读入置乱后的图像
subplot(121)
imshow(RD)
title('置乱后的图像')
fid=fopen('d:\test.bin','rb')         %读入密钥
RB=fread(fid,65536,'double');
fclose(fid)

RC=RD(:);                             %生成单列矩阵
RA=zeros(65536,1);
for i=1:65536
    RA(RB(i))=RC(i);                  %恢复,用密钥重新排列置乱的矩阵
end

X=zeros(256);
k=1;
for i=1:256                           %将单列矩阵转换成与原图像同样尺寸的矩阵
    for j=1:256
        X(j,i)=RA(k);
        k=k+1;
    end
end
X=uint8(X);
subplot(122)
imshow(X)
title('恢复的图像')
```

运行程序，图像恢复效果如图 8-4 所示。

a) b)

图 8-4 图像恢复效果

a）置乱的图像 b）恢复后的图像

4. 项目评价

本项目的评价重点是算法评价和开发文档的评价，可从以下几个方面评价。

（1）客观评价

客观评价是利用峰值信噪比和相关系数等指标评价图像置乱效果和恢复效果。

（2）算法评价

算法评价是主要评价算法实现方案的优势和缺陷，例如评价安全性如何，运算时间是多少，有无实用价值等方面。

（3）项目开发文档评价

项目开发文档评价主要评价文档内容是否完整、分析是否全面、结构是否合理、语句是否通顺、编辑排版是否规范等方面。

（4）论述答辩过程评价

论述答辩过程评价主要评价答辩态度如何、思路是否清晰、回答是否准确、语言是否流畅、对算法不足有无认识等方面。

8.4 数字水印技术

数字水印就是将版权（或认证）信息嵌入多媒体数据中，但不影响原始数据的正常使用，目的是鉴别非法复制或盗用的数字图像产品，主要用于数字产品的知识产权保护、产品防伪等方面。

1. 项目背景介绍

（1）数字水印分类

随着数字水印技术的快速发展，各种水印算法层出不穷，分类方式也多种多样。主要可以分为以下几类。

1）按水印特性划分，可分为鲁棒水印和脆弱水印。鲁棒水印主要用于在数字产品中标识著作权信息，如作者、作品序号等，要求嵌入的水印能够经受各种常用的编辑处理；脆弱水印主要用于产品完整性的保护，与鲁棒水印的要求相反，脆弱水印必须对信号的改动很敏感，根据脆弱水印的状态就可以判断数据是否被篡改过。

2）按水印所附载的媒体划分，可分为图像水印、音频水印、视频水印、文本水印以及用于三维网格模型的水印等。

3）按水印的检测过程划分，可分为明文水印和盲水印。明文水印在检测过程中需要原始数据，而盲水印的检测则只需要密钥，不需要原始数据。一般来说，明文水印的鲁棒性比较强，但其应用受到存储成本的限制。

4）按水印的内容划分，可分为有意义水印和无意义水印。有意义水印是指水印本身也是某个数字图像（如商标图像）或数字音频片段的编码；无意义水印是指某种特定的序列号。有意义水印的优势在于，如果受到攻击或其他原因致使解码后的水印破损，人们仍然可以通过视觉观察确认是否有水印。但对于无意义水印来说，如果解码后的水印序列有若干码元错误，则只能通过统计决策来确定信号中是否含有水印。

（2）数字水印的评价

数字水印的评价方法有主观评价和客观评价两种。评价指标主要有隐蔽性、鲁棒性和水印容量 3 种。

1）隐蔽性：原始图像在嵌入水印后的改变程度。可以用原始图像与嵌入水印后的图像相比较来确定其隐蔽性。

2）鲁棒性：含有水印的图像在经过各种线性和非线性处理后，提取的水印与原始水印之间的差别程度。鲁棒性常用来判断待测图像中是否存在水印。

3）水印容量：水印的信息量。水印容量和鲁棒性之间是相互矛盾的，水印容量的增加会带来鲁棒性的下降；水印容量对隐蔽性也有同样的影响。

2. 项目要求

以一幅 256×256 的 256 级灰度图像 woman 作为原始图像，以一幅 256×256 的黑白图像 text. png 的局部作为水印图像。水印检测不需要原始图像，只需要密钥；水印具有一定的隐藏性和鲁棒性。

（1）隐蔽性

隐蔽性要求含有水印的图像与原始图像在视觉上无明显改变、峰值信噪比大于 30、相关系数大于 0. 95。提取的水印图像与嵌入的水印图像相关系数大于 0. 9，视觉上无明显差别。

（2）鲁棒性

鲁棒性要求含有水印的图像经过剪切、加噪声、滤波、压缩等处理后，提取的水印图像在视觉上变化不大，与原水印的峰值信噪比大于 30、相关系数大于 0. 85。

（3）水印容量

在满足隐蔽性和鲁棒性指标的前提下，水印容量越大越好。

3. 实施步骤

1）讨论、研究项目要求，明确项目内容。

2）检索、阅读参考资料，学习项目设计提示。

3）仿真算法，讨论、评价、修改算法，并确定一个项目实现方案。

4）实现方案，完成项目。

5）撰写项目报告。

6）项目演示、讲解设计方案，完成项目评价。

4. 项目设计提示

（1）数字水印嵌入模型

数字水印嵌入模型就是在密钥的指导下，将水印序列根据嵌入算法加入原始图像的数据中；也可以先将原始图像变换（例如傅里叶变换、离散余弦变换、小波变换等），再用水印序列改变系数，经反变换重构成含有水印的图像。水印嵌入算法如图 8-5 所示。

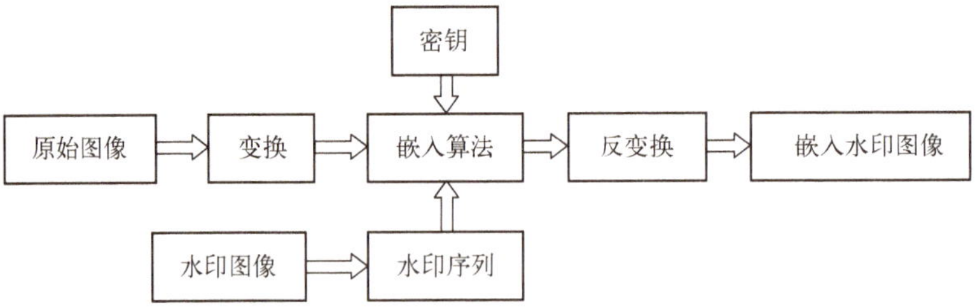

图 8-5 水印嵌入算法

（2）数字水印提取模型

数字水印提取模型与嵌入模型对应，利用待测图像和密钥提取水印序列（无论有无水印，都按照提取算法提取），再与原始水印序列进行比较，判断水印的有无。水印提取算法如图 8-6 所示。

（3）算法介绍

水印算法多种多样，各自有各自的特点和应用范围，代表性算法有以下两种。

1）最低有效位算法（LSB）：这是一种典型的空间域信息隐藏算法。用特定的密钥产生

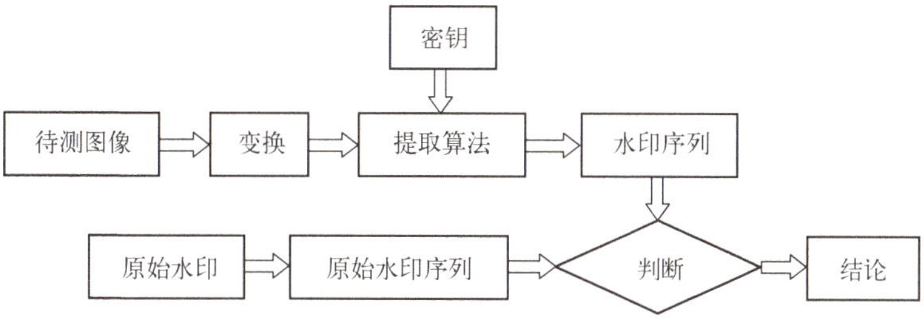

图 8-6　水印提取算法

随机信号，然后，按一定的规则排列成二维水印信号，并逐一插入原始图像相应像素值的最低几位。由于水印信号隐藏在最低几位，相当于叠加了一个能量微弱的信号，因而，在视觉和听觉上很难被察觉。水印的检测是通过待测图像与水印图像的相关运算和统计决策实现的。最低有效位算法虽然可以隐藏较多的信息，但隐藏的信息可以被轻易移去，无法满足数字水印的鲁棒性要求。

2）变换域水印算法：这是目前研究最多的一种数字水印，具备鲁棒性强、隐蔽性好的特点。主要是在图像的变换域中选择中频、低频系数嵌入水印，这是因为人眼的感觉主要集中在这一频段，攻击者在破坏水印的过程中，不可避免地会引起图像质量的严重下降，因此一般的图像处理过程不会改变这部分数据。

（4）算法举例

本算法通过量化图像元素数值来嵌入水印序列。例如，元素数值被量化成奇数就代表嵌入“1”，量化成偶数就代表嵌入“0”。原始图像中，每个原始数据最大的改变量就是量化步长。步长大，鲁棒性强，但隐藏性弱，需要折中考虑。量化步长和嵌入位置信息就是密钥。水印提取时，根据密钥，考察待测图像元素的奇、偶，奇数形成“1”、偶数形成“0”。

【例 8-5】　水印嵌入算法。

```
clear
clc
X=imread('cameraman.tif');                %调入原始图像
subplot(131)
imshow(X)
title('原始图像')
DW=imread('text.png');                    %读入原始图像
subplot(132)
imshow(DW)
title('水印的原始图像')
key=10;                                   %密钥 key,量化步长为 10
DX=zeros(256);
for i=1:256
    for j=1:256
d=X(i,j)/key;                             %量化元素
rd=round(d);                              %四舍五入取整
c=rem(rd,2);                              %除 2 取余数。偶数时,c=0;奇数时,c=1
if DW(i,j)==c                             %判断元素与水印序列的奇、偶是否相同
    DX(i,j)=X(i,j)+(rd-d)*key;            %相同,量化成最近的步长整数倍
else
```

```
            DX(i,j)=X(i,j)+(rd-d+1) * key; %不同,增加一个步长。如 80 变为 90
        end
    end
end
subplot(133)
DX=uint8(DX);                           %为了正确显示和保存,强制类型转换
imshow(DX)
title('含有水印的图像')
imwrite(DX,'d:\waterimage.bmp','bmp')    %保存含有水印的图像
```

运行程序，水印嵌入算法效果如图 8-7 所示。

a)　　　　b)　　　　c)

图 8-7　水印嵌入算法效果

a）原始图像　b）水印的原始图像　c）含有水印的图像

【例 8-6】　水印提取算法。

【例8-6】水印提取算法

```
clear
clc
R=imread('d:\waterimage.bmp','bmp');%读入待测图像
subplot(131)
imshow(R)
title('含有水印的图像')
DW=imread('text.png');                 %读入水印的原始图像
subplot(132)
imshow(DW)
title('水印的原始图像')
key=10;                                 %密钥
RW=zeros(256);
for i=1:256
    for j=1:256
        d=R(i,j)/key;                   %量化元素
        rd=round(d);                    %四舍五入取整
        c=rem(rd,2);                    %除 2 取余数
        if c==1
            RW(i,j)=1;                  %奇数,水印元素为 1
        else
            RW(i,j)=0;                  %偶数,水印元素为 0
        end
    end
end
```

```
subplot(133)
imshow(RW)                                   %显示提取的水印图像
title('提取的水印图像')
```

运行程序，水印提取算法效果如图 8-8 所示。

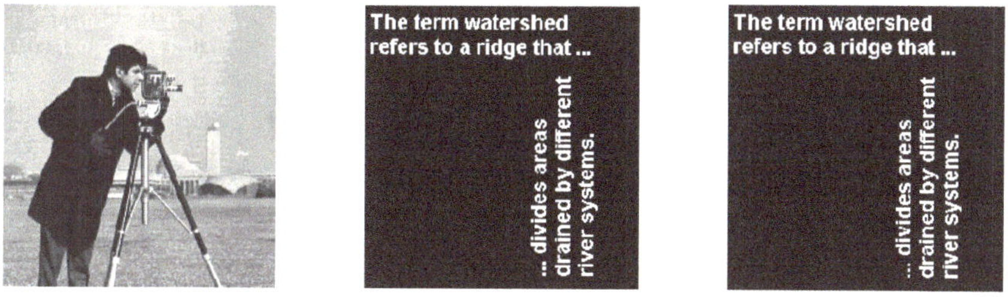

a)　　　　b)　　　　c)

图 8-8　水印提取算法效果

a）含有水印的图像　b）水印的原始图像　c）提取的水印图像

5. 项目评价

重点评价对新技术的理解能力和研究能力，主要从以下几个方面评价。

（1）信息获取和归纳能力

信息获取和归纳能力是评价获取信息的数量、途径，获取的信息质量，以及能否将获取的信息总结、归纳等方面。

（2）新技术的研究能力

新技术的研究能力是能否找到研究的重点和难点，表现为能否仿真已有的算法，并指出其特点。研究在保证隐蔽性的前提下，如何提高水印的鲁棒性。

（3）算法评价

算法评价主要从水印隐蔽性和鲁棒性两个方面评价。利用主观评价，评价原始图像、含有水印图像的视觉效果，改变量化步长对图像隐蔽性的影响；利用峰值信噪比和相关系数等客观评价指标，评价水印的嵌入效果、提取的水印与原始水印的差别等。

（4）论文评价

论文评价主要评价论文内容是否完整、对已有算法的分析是否正确、算法的描述是否准确、算法有无创新、语句是否通顺、编辑排版是否规范等。

（5）答辩过程评价

答辩过程评价主要评价对算法的理解程度如何、思路是否清晰、回答问题是否准确、语言是否流畅等。

参考文献

［1］ 杨德平，李聪，杨本硕，等．MATLAB 9.8 基础教程［M］．北京：机械工业出版社，2022.
［2］ 刘卫国．MATLAB 程序设计与应用［M］．3 版．北京：高等教育出版社，2017.
［3］ 周开利，邓春晖．MATLAB 基础及其应用教程［M］．2 版．北京：北京大学出版社，2018.
［4］ 梅志红，杨万铨．MATLAB 程序设计基础及其应用［M］．北京：清华大学出版社，2005.
［5］ 罗建军．MATLAB 教程［M］．2 版．北京：电子工业出版社，2019.
［6］ 薛山．MATLAB 基础教程［M］．北京：清华大学出版社，2011.
［7］ 张岳．MATLAB 程序设计与应用基础教程［M］．3 版．北京：清华大学出版社，2022.